U0303480

Vanishing Wilderness of Africa

美丽的地球

非洲

乔凡尼·朱塞佩·贝拉尼／著 董庆／译

中信出版集团 · CHINA CITIC PRESS · 北京

图书在版编目（CIP）数据

美丽的地球. 非洲 / (意) 贝拉尼著；董庆译. --
北京：中信出版社, 2016.6（2024.12重印）
书名原文: Vanishing Wilderness of Africa
ISBN 978-7-5086-6080-6

Ⅰ. ①美… Ⅱ. ①贝… ②董… Ⅲ. ①自然地理－世
界 ②自然地理－非洲 Ⅳ. ①P941

中国版本图书馆CIP数据核字(2016)第069909号

Vanishing Wilderness of Africa

美丽的地球：非洲
著　　者：［意］乔凡尼·朱塞佩·贝拉尼
译　　者：董庆
策划推广：北京全景地理书业有限公司
出版发行：中信出版集团股份有限公司
（北京市朝阳区东三环北路27号嘉铭中心　邮编　100020）
（CITIC Publishing Group）
承 印 者：北京中科印刷有限公司
制　　版：北京美光设计制版有限公司

开　　本：720mm × 960mm 1/16　　印　　张：18.75　　字　　数：59千字
版　　次：2016年6月第1版　　印　　次：2024年12月第20次印刷
京权图字：01-2010-0642　　审 图 号：GS（2021）5616号
书　　号：ISBN 978-7-5086-6080-6
定　　价：78.00 元

服务热线：010－84849555　　服务传真：010－84849000
投稿邮箱：author@citicpub.com

萨瓦纳原野上的一头雄狮在怒吼

利比亚和阿尔及利亚境内的撒哈拉沙漠中常见的沙丘

马萨伊-马拉，暴雨中的波姆氏斑马

非洲萨瓦纳（热带稀树草原） 晚霞下的伞状合欢树

壮观的维多利亚大瀑布

Contents
目录

Preface
前言

非洲，仅次于亚洲的世界第二大陆，其面积约为3000万平方千米。与其他大陆相比，非洲大陆拥有着独特的自然景观和人文风情，同时完好地保留了动植物的多样性。在这片广袤无垠的土地上，这种生物多样性至今尚未得到充分研究，甚至连完善的分类都尚未进行。在人们心目中，非洲或许就是这样的平凡而简单，在过去的漫长岁月里它始终不为外人所深知，直到有一天，诸如亨利·莫顿·斯坦利（Henry Morton Stanley）、戴维·利文斯通博士（David Livingstone）等探险者们将他们猎奇的目光投向了这片神奇的土地。他们在一次伟大而难忘的旅行中发现了“黑非洲”（Black Continent），于是将其标记为“Hic sunt leones”（这是个起源于古罗马的游戏。古罗马统治者在征战的时候，每当发现地图上不为人知的地方，就在地图上这么标记，意思是“狮子在那里”，随后再赋予新的名字）。不论是在人类社会还是大自然里，非洲大陆都是一个反差分明的世界：有些国家饱受贫穷、战争、种族冲突和饥荒的摧残；有些国家则具有现代化的都市、先进的科学技术和等同于欧洲的生活水平。

它的自然环境对比鲜明：这里有世界上最大、最贫瘠的撒哈拉（Sahara）沙漠和卡拉哈里（Kalahari）沙漠，也有无边的湖泊和雨林。雨林遍布了世界上最神奇的流域，其中就包括神秘而又鲜为人知的刚果河（River Congo）。1890年，年轻的英国著名小说家约瑟夫·康拉德（Joseph Conrad）就是沿着这条神奇的刚果河溯流而上，并以此为素材创作了代表作《黑暗的心》。这段经历描述了一次精神之旅，特别是人的潜意识和无意识的心灵活动。然而，让许许多多作家着迷的是非洲大陆壮丽的风光、成群的野生动物、一望无际的地平线和热带草原上满是星斗的夜空，甚至有许多人因太过痴迷而最终染上非洲乡愁。他们将非洲冒险生活作为作品的主题或者用以构思自己的作品，如海明威（Hemingway）的《非洲的青山》（*Green Hills of Africa*）和《乞力马扎罗的雪》（*The Snows of Kilimanjaro*）、莫拉维亚（Moravia）的《非洲客栈》（*Passeggiate Africane*）和《撒哈拉信札》（*Lettere dal Sahara*）。女作家卡伦·布里森（Karen Blixen）在其著名小说《走出非洲》（*Out of Africa*）中对殖民地时期的肯尼亚有精彩描述。

目前，非洲的国家公园和自然保护区为全人类共有且无价的自然与文化遗产提供了很好的保护。这些非洲的国家公园和自然保护区同样各具特色。在非洲东部和南部，有克鲁格（Kruger）、塞伦盖蒂（Serengeti）、察沃（Tsavo）等著名的国家公园，这些国家公园已建有奢华的寄宿旅馆、完善的旅游接待处和颇负盛名的科学研究机构。

这些国家公园组织完善，很好地保护了宝石般晶莹翠绿的湖泊，如纳库鲁（Nakuru）湖、奈瓦沙（Naivasha）湖、博戈里亚（Bogoria）湖、巴林戈（Baringo）湖，这些串珠状湖泊沿着东非大裂谷的谷底分布。东非大裂谷长达6400千米，自北而南纵贯整个东非。东非大裂谷目前仍在以每年大约几英尺的速度缓慢地延伸，最终将把构成“非洲之角”的埃塞俄比亚和索马里从非洲大陆分离出去。相比之下，虽然非洲中部和东北部的国家公园和保护区也同样美丽而有趣，却非常遗憾地并不为人所熟知，它们尚不具备接待游客和建立动植物研究实验室的条件。尽管如此，这些国家公园和保护区依然保护了地球上最后的原始森林带，如刚果的奥扎拉（Odzala）原始森林、加蓬的洛佩（Lope）原始森林。由于自然条件所限，游客要想进入这些森林，还真得具备十足的冒险精神和坚韧的适应能力。

一群年轻猎豹正在草原上巡视

一群驴羚在博茨瓦纳奥卡万戈河三角洲上狂奔

鲁文佐里山坡上的代表性植物——巨大的千里光

红海海滨特有的珊瑚礁

01

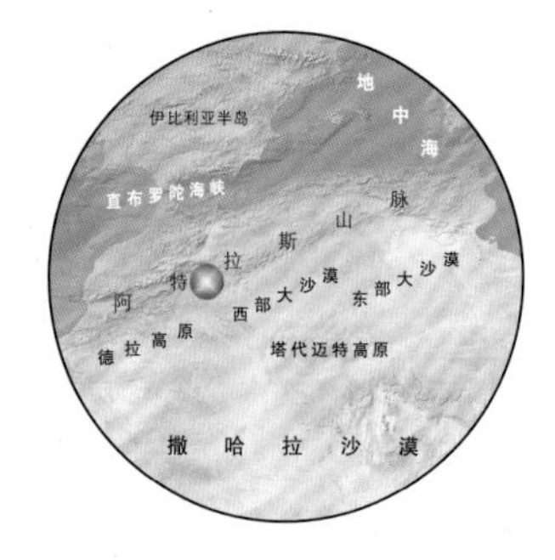

摩洛哥—阿尔及利亚—突尼斯

The Atlas Massif
阿特拉斯山脉

阿特拉斯山脉由7列高山组成，它跨越摩洛哥、阿尔及利亚和突尼斯，面向地中海，几乎与海岸线平行，其形成的地质年代可以追溯到阿尔卑斯山系的起源时期。阿特拉斯山脉的最高部分称为大阿特拉斯山山脉（High Atlas），坐落在摩洛哥境内，其海拔高度惊人地达到了3000～4000米。最巍峨也最负盛名的是位于图卜卡勒国家公园的图卜卡勒峰，海拔达到4167米。冬季的图卜卡勒山是著名的滑雪胜地，吸引着不计其数的欧洲游客。阿尔及利亚和突尼斯境内的阿特拉斯、特尔阿特拉斯和撒哈拉奥雷斯山海拔高度较低，很少超过2000米。环境、地形和动植物区系的研究成果表明，马格里布地区应归属于亚欧古北区（Eurasian Palearctic Region），这个地区动植物物种十分丰富。事实上，大约在150万年前，即中更新世冰期（民德冰期和里斯冰期），北方大陆上的水逐渐结冰，造成海平面下降，于是在地中海，非洲北部与欧洲通过直布罗陀大陆桥和西西里—突尼斯陆桥连接到了一起。寒冷的气候迫使许多欧洲物种向南迁移，寻找更适合生存的温暖地区。

一些生活在欧亚和北非大陆上的动物物种跨过了新的大陆桥，这些物种包括红鹿、野猪、赤狐、欧

红狐，原产于欧洲大陆的物种，在上个冰期穿越整个大陆，现生活在北非

在冬季，摩洛哥的大阿特拉斯山脉被皑皑白雪覆盖，冬季的阿特拉斯山模样与阿尔卑斯山类似

大阿特拉斯山的南部，有多条肥沃的谷地与干旱的山丘平行相间。
冬季有雪，但很快就会融化

亚水獭、黄鼠狼、臭鼬等。在这一时期生活在阿特拉斯的部分棕熊和猞猁的亚种，由于被捕猎而灭绝了。所有这些由欧洲到达北部非洲的物种，除了那些喜高温潮湿的物种之外，没有继续向南跨越阿特拉斯山脉，因为对于它们来说，阿特拉斯山脉以南的气候太炎热干旱了。

在过去的几个世纪里，那些与马格里布人民竞相生存的哺乳动物遭到全欧洲猎手的过度猎杀。今天，这些动物只有在保护区才能看见。这些保护区被严格地戒备起来并保持着北部非洲山区崎岖不平的原始自然地貌。遗憾的是，这些受保护的动物经常会袭击那些乐于亲近它们的欧洲游客，要知道，这些游客可是北非贫穷国家的主要外汇来源啊！

阿特拉斯山区的自然环境同样因为植被丰富而具有多样性。这些植被的区域分布受海拔高度、光照和大西洋活动的影响，但总的来说，它们仍然保持着地中海植物群落的特征。在靠近海岸和海拔低的地区，尤其是阿特拉斯山的北侧，是茂密的森林，主要构成是地中海原产的树种，比如草莓树、木樨、乳香木等，也混生有本地种。在不太干旱的区域，是由大型橡树组成的森林。在冬季湿润的地区，如突尼斯的埃什凯勒（Ichkeul）湖国家公园及摩洛哥的梅尔贾·泽尔加潟湖（Merja Zerga Lagoon），则栖息着数以万计的水生鸟类，这些鸟从亚欧大陆迁徙而来。摩洛哥境内的大西洋海岸临近阿加迪尔（Agadir）的塔姆里（Tamri）以及苏塞-马萨（Sousse-Massa）国家公园，是非常罕见的隐鹮最后的栖息地，隐鹮鸟过去也曾经出现在欧洲。

在距离马拉喀什约70千米的乌凯姆丹姆有一处非常著名的滑雪胜地。空中索道吊篮车可以从海拔2600米开始向上到达3300米处

在较为靠南的山坡上，尤其是邻近撒哈拉大沙漠海拔较低的山坡上，气候极为干旱

世界上最濒危的鸟类之一——北方秃鹮，在著名的摩洛哥苏塞-马萨国家公园内繁衍

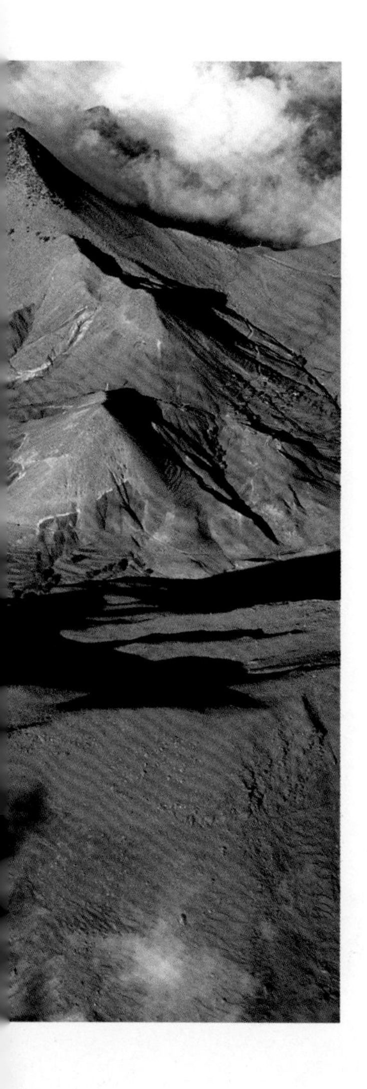

由于冬季雪量充足，在高海拔地区，生长着混生有针叶树的栎树林，但是这样的生态系统越来越少，需要建立很多国家公园才能得以保护。在伊夫兰（Ifrane）、图卜卡勒（Toubkal）、东部阿特拉斯山以及阿尔及利亚的什雷亚（Chréa），可以看到约40米高的巨大阿特拉斯雪松。同时还有混生着常绿树种的摩洛哥海岸松树林，这些常绿树种与赫尔姆橡树、落叶橡树、葡萄牙橡树或路斯坦橡树非常相似。

在这些森林中，除上述的亚欧动物群外，还活跃着非常典型的非洲本地物种种群，像巴巴里（Barbary）短尾猿、著名的直布罗陀猿、阿特拉斯松鼠、库维尔（Cuvier）瞪羚以及古老的北非大象等。1993年，在这里发现了最后几只以捕杀短尾猿和野生鬣羊为生的野生巴巴里猎豹。牡鹿也曾生活在突尼斯的埃尔·菲扎（El Feidja）国家公园的栓皮栎树林里。漂亮的巴巴里狮（又称阿特拉斯狮）则未能幸存，它们深灰色的鬃毛覆盖着脖子、胸部和腹部，对它们最后一次有记载的猎杀行为发生在1942年。幸运的是摩洛哥的统治者穆罕默德六世在靠近拉巴特（Rabat）的特马拉（Temara）宫殿里保留了最后的狮群，一个科研项目试图将这一物种逐步重新放生到阿特拉斯山地区。

今天，茂盛的阿特拉斯雪松林在保护区外已非常罕见。它们是阿尔及利亚和摩洛哥的典型树种，高度可达45米

在阿特拉斯山村的很多屋顶上可以看到鹳的大巢。春天是鹳繁殖的季节，一对鹳夫妇正在上演传统的爱情秀

巴巴里短尾猿是阿特拉斯森林中的典型物种，它们和巴巴里绵羊、库维尔瞪羚都是极其稀有的巴巴里猎豹的主要捕食对象。这种猎豹最后一次被人们发现是在1993年，地点在中阿特拉斯山脉中的布·伊布雷恩山海拔3192米处的一个山谷中

在大阿特拉斯山脉的山谷和向阳坡，果树种植非常广泛。春天，这些花团锦簇的美丽果树如杏树等会让人们惊艳不已

从海平面到海拔4500米的大阿特拉斯山脉，红狐的踪迹遍及整个北非。早春是它们的繁殖季节，每只母狐平均生育3～5只幼仔，最多可达12只

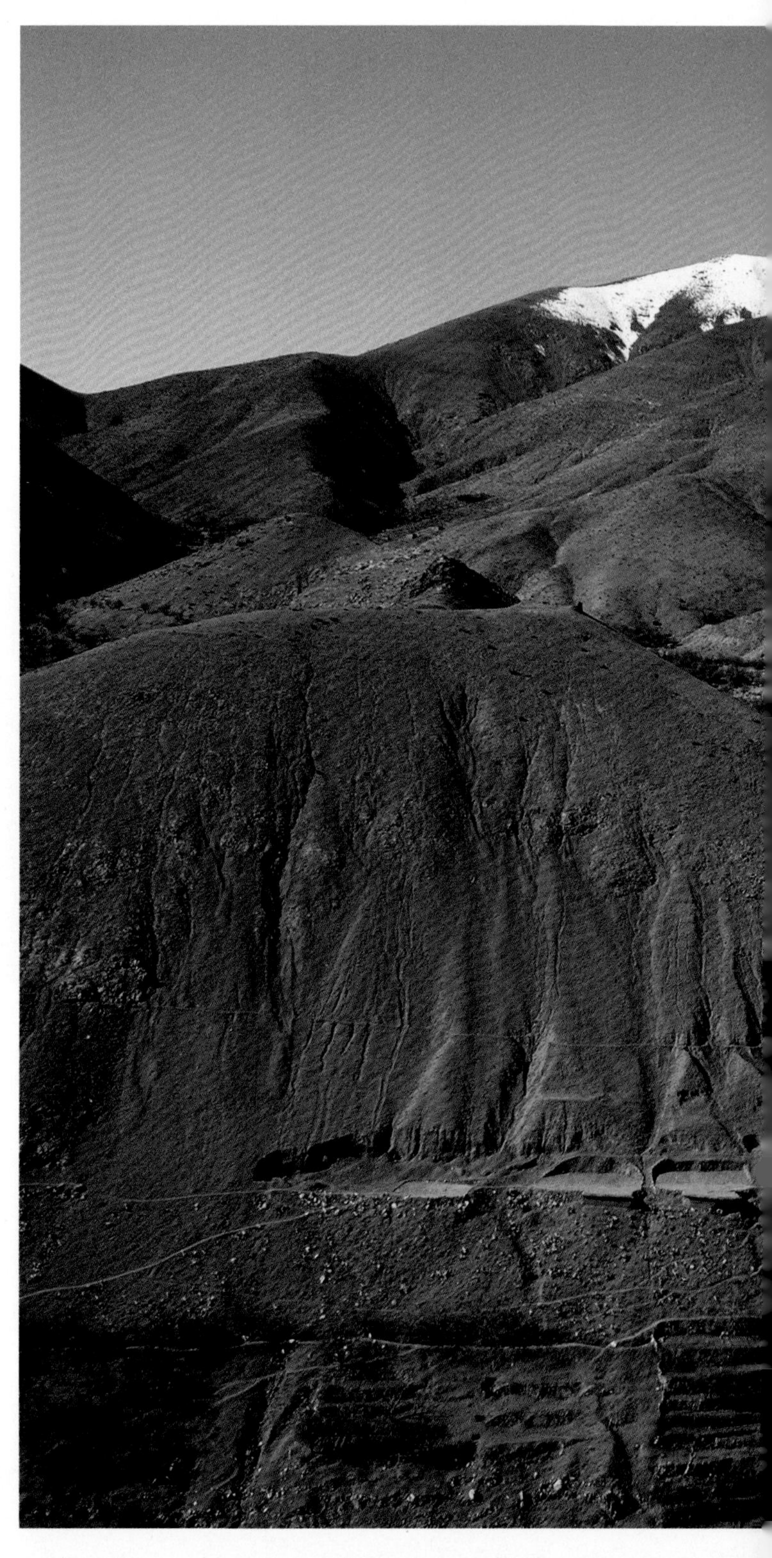

图卜卡勒峰海拔高达4167米，是大阿特拉斯山脉的最高峰。在夏季，雪会完全融化

达代斯干河流入大阿特拉斯山脉，形成了摩洛哥最壮美的山谷。谷地上布满了星星点点的绿洲，因此这里又被誉为“千堡之谷”

达代斯干河的流向平行于火山岩山脉，这些山脉将大阿特拉斯山脉与撒哈拉沙漠分开，并让达代斯干河顺势流入德拉河

在马拉喀什以北150千米处，阿卜迪德河跌入深110米的峡谷里，形成乌祖德瀑布。瀑布名称出自巴巴里语，意为橄榄树，因这个地区有大量橄榄树而得名

地平线上的阳光照耀着阿特拉斯山区的河谷和山岭，此山区地势逐阶降低，最后与撒哈拉沙漠融为一体

02

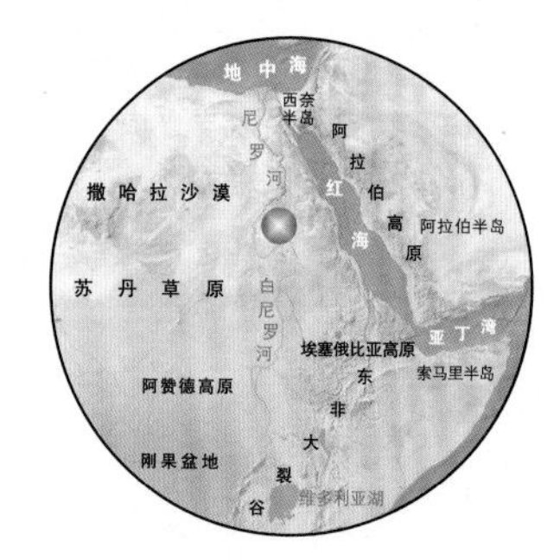

埃及—苏丹—乌干达

The Course of the Nile
尼罗河流域

尼罗河是世界上最长的河流，总长达6650千米。在人类历史上，没有几条河流能够与尼罗河流域相比。事实上，正是由于尼罗河充足而富含养分的河水造就了古埃及文明。作为最重要的非洲—地中海文明，埃及文明一直在沿着尼罗河较下游的河段发展、传播。神奇的埃及文明的代表是：神庙、金字塔和斯芬克斯（狮身人面像），所有这些都集中分布在尼罗河谷，尤其在尼罗河开始分叉并形成众多三角洲汇入地中海之前。

历史上这些适于人类定居的下游流域被称作下埃及（Lower Egypt），无论从历史还是艺术的角度，在这些流域的考古发现都是众多而又重要的，以至这整个区域都可以被看作是人类最伟大的文化遗产。位于撒哈拉沙漠东部边缘的尼罗河谷及三角洲是典型的连续河岸绿洲，绿洲之上草木繁盛，土地会因尼罗河季节性的洪水被淹没，同时也会因河流淤泥而十分肥沃。因此，古代埃及平原盛产小麦等作物，并由此生产出各种食品。此外，在平静的尼罗河流域，有些地方的河面可达500米宽，便利的航运使得尼罗河又成为主要的商业航道和交通线，航线贯通上埃及和下埃及。当然，并不是所有的河段都适合航运——

青尼罗河发源于塔纳湖，流经埃塞俄比亚高原，产生很多瀑布和急流，然后逐渐变缓流入苏丹平原，并在喀土穆附近与白尼罗河交汇形成大尼罗河，继而进入埃及境内

从维多利亚湖流出后的尼罗河曾被称作“维多利亚尼罗河”，现在称为“卡巴雷加河”

在乌干达的基奥加湖和艾伯特湖之间，尼罗-卡巴雷加河出现很大的瀑布，被保护在面积达3840平方千米、森林茂密的卡巴雷加瀑布（旧名默奇森瀑布）国家公园内

默奇森瀑布的有些地方只有几米宽，因此在雨季，水流经过这里时冲击力极强，发出巨大的咆哮声

流入苏丹和乌干达之前，在偏远又富于传奇色彩的接近源头的地方，尼罗河变得越来越弯曲，分布着成群的瀑布，大小不等、星罗棋布的湖泊和密若织网的众多支流。

寻找尼罗河的源头是一种探险，在英国维多利亚时代这项工作被探险者们热衷了几十年。19世纪中后叶，很多探险队获得资助并且组织得井然有序，每一批探险家们返回英国时都言之凿凿地声称他们发现了尼罗河的真正发源地，而后来者又都再次向前推进，对前者提出质疑。亨利·莫顿·斯坦利（Henry Morton Standy）、理查德·波顿（Richard Barton）和约翰·斯派克（John Speke）都把他们一生中最好的年华花在了在中东非探索尼罗河的源头上，并且最终发现并正式确认了卡格拉（Kagera）地区为尼罗河的发源地，因此该地区又称为卡格拉尼罗河。此地有众多的支流如卢维龙扎河（Luvironza）都起源于布隆迪高原，然后汇入其他支流或一些非洲重要的湖泊，如维多利亚湖（Victoria）、艾伯特湖（Albert）、基奥加湖（Kyoga），五花八门的名字毫无规律可循。卡格拉地区被森林覆盖，这里栖息着鳄鱼、河马、非洲鱼鹰、苍鹭、鹳、鹈鹕、鱼狗和其他水生鸟类。离开维多利亚湖的尼罗河被取名为卡巴雷加（Kabalega）尼罗河，在基奥加湖和艾伯特湖之间有众多的瀑布，这些瀑布遍布于卡巴雷加瀑布国家公园，又泛称为默奇森瀑布群，范围达1557平方千米。

尼罗河进入苏丹境内之后取名山地尼罗河（Mountain Nile），与加扎乐河（Gazalle River）交汇之后取名为白尼罗河（White Nile），白尼罗河流过一片广袤的平原，在这里，热带高原充沛的降雨使得白尼罗河每年都会洪水泛滥，进而形成世界上最大范围的湿地之一——苏丹苏德湿地（Sudan's Sudd）。苏德湿地有着错综复杂的水道、水塘，以及芦苇、纸草，在洪泛区还有野生水稻。

当旱季到来尼罗河水位降低时，苏德湿地面积可达30 000平方千米左右，但在洪水季节，面积只有约10 000平方千米。苏德湿地主要的国家公园包括博玛（Boma）、巴丁洛（Badinglo）、尚贝（Shambe）和东部公园（Eastern Park）。这些公园是众多水鸟的

在水流平稳的地方，生活着大量的捕鱼鸟类，如非洲鱼鹰就非常善于捕捉接近水面的鱼

乐园，其中包括样子古怪的广嘴鹳——这是一种与鹈鹕有血缘关系的鹳，因其罕见而著名。但是这些国家公园之所以闻名，还因为数不胜数的白耳水羚、克利根牛羚和蒙加拉（Mongalla）瞪羚等在这里每年一次的迁徙。本地物种之一的尼罗驴羚是一种容易被忽略的羚类，喜欢芦苇丛和水泽。

真正的尼罗河是在喀土穆白尼罗河与青尼罗河汇合之后的大尼罗河。源自埃塞俄比亚高原塔纳（Tana）湖的青尼罗河为尼罗河提供了80%的水量，是造成尼罗河流域洪水泛滥的主要原因。今天，尼罗河的大洪水已经少了许多，主要原因是阿斯旺水坝挡住了河水，在埃及与苏丹边界形成了一个人工湖——纳赛尔（Nasser）湖。1964—1968年间备受关注的一项工程是拯救可能会因水位上涨而被淹没的著名的阿布·辛拜勒（Abu Simbel）神庙，这座神庙建于13世纪拉美西斯二世时期，这项工程最后完美地完成了。靠近纳赛尔湖的区域建有瓦迪·埃尔·阿拉奎（Wadi El Alaqui）国家公园，如今，这个国家公园成为一些撒哈拉动物群的家园，如羚羊、狐狸和非洲沙漠野猫等等。沙漠野猫几千年前由埃及人驯化，是如今家猫的祖先。沿着尼罗河流域和尼罗河三角洲还有很多个国家公园和自然保护区（总称尼罗河三角洲群岛国家公园），在这里很多罕见的鳄鱼及猞猁存活下来，而河马则自1816年起在本地区消失了。每年，埃及布鲁卢斯（Burullus）湖国家公园和受《拉姆萨湿地公约》保护的曼札拉（Manzala）湖都栖息着众多的候鸟、鹳、朱鹭和鹈鹕，这里还是地中海细嘴鸥最大的繁殖地。

看似漫不经心的一个哈欠，实际上这是河马向别的动物们发出的警告：请勿靠近我的领地！一年中，它的致命尖牙对人类的伤害远胜于其他动物

在繁殖季节，鱼常游到浅滩，这时很容易看到尼罗鳄埋伏起来捕捉大鱼的情景

阿斯旺水坝挡住了尼罗河来水，可以看到在埃及与苏丹边界巨大的人工湖——纳赛尔湖。但遗憾的是，尽管由于阿斯旺水坝这座人工围堰使冲向下游的尼罗河洪水减少了，然而随洪水溢出形成的生物资源再也没有水坝修建之前丰富了。靠近纳赛尔湖的区域建立了瓦迪·埃尔·阿拉奎国家公园，如今这个国家公园是一些撒哈拉动物群如羚羊、狐狸和沙漠野猫的家园

苏丹的萨伊岛是无数半沙漠小岛之一，这样的半沙漠小岛在苏丹北部和整个埃及平静的尼罗河流域非常常见

03

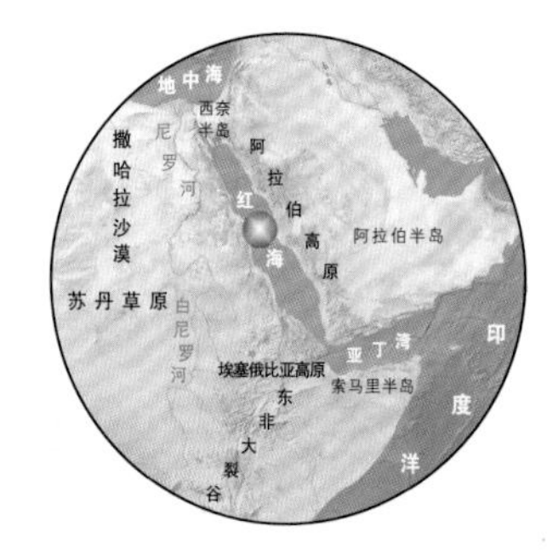

红海海滨有着利于珊瑚礁生长的理想的海水环境：盐度4.1%、温度22～26℃、水质透明

埃及—苏丹—厄立特里亚

The Coasts of the Red Sea
红海海岸

埃及尼罗河的东岸和红海西岸延伸出的一片长条地带，在地理上被当作撒哈拉沙漠的最东界限，名东撒哈拉（Sahara El Shargiya），其景观特征是多山，平均海拔达到1000米。其北面是玛阿扎（Maaza）高原，这里曾是巴巴里（Barbary）绵羊（或称大角野绵羊）最后的栖息地。在南面，高原进入狭窄的山区，与红海海岸平行延伸至苏丹境内，与努比亚（Nubia）山区相连。以阿斯马拉（Asmara）高原的第一道山岭为界，红海最南部的滨海地带属于厄立特里亚，较为平坦的地区大多由岩石与沙丘组成，这些沙丘并不是很高，其神奇之处是构成干旱山岭的岩石（戈壁）由于年代久远都已经呈黑色浑圆状。整个地区被深深的山谷切割得支离破碎，然而这些当年咆哮于深切岩层的河流，如今只在雨季才有水流溢淌。

这片风景秀丽、游人如织的地区就是红海海滨和沙滩了，红海从北到南长约2000千米，可以看成是印度洋一个窄窄的延伸，斜插在非洲和阿拉伯半岛之间。130年来，苏伊士运河将其与地中海连接起来，曼德海峡充当着大洋的界限。红海是东非裂谷产生的一个构造盆地，5000万年来，东非裂谷慢慢地将曾属

在也门南部和索马里北部的亚丁湾中露出一片平坦的岩礁，这里是连接亚非大陆的纽带，是印度洋和红海贯通的地方

埃及的红海海岸到处散布着誉满全球的海景胜地，尤其吸引着潜水爱好者们。其中最负盛名、设施最完备的潜水胜地在胡尔盖达

浅蓝、清透、温暖的海水加上白色的珊瑚砂质海底使红海海滨呈现出绚丽的颜色

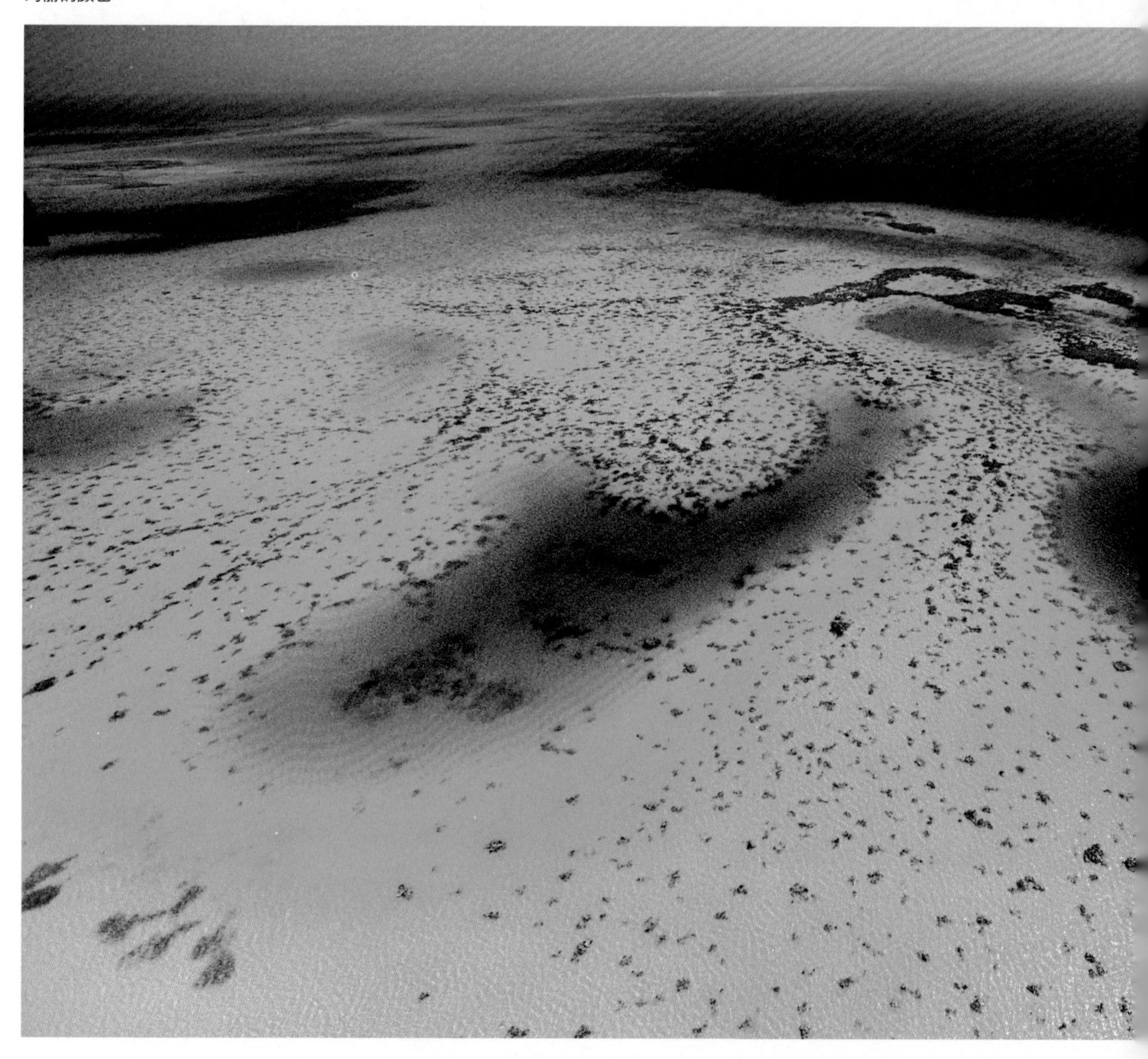

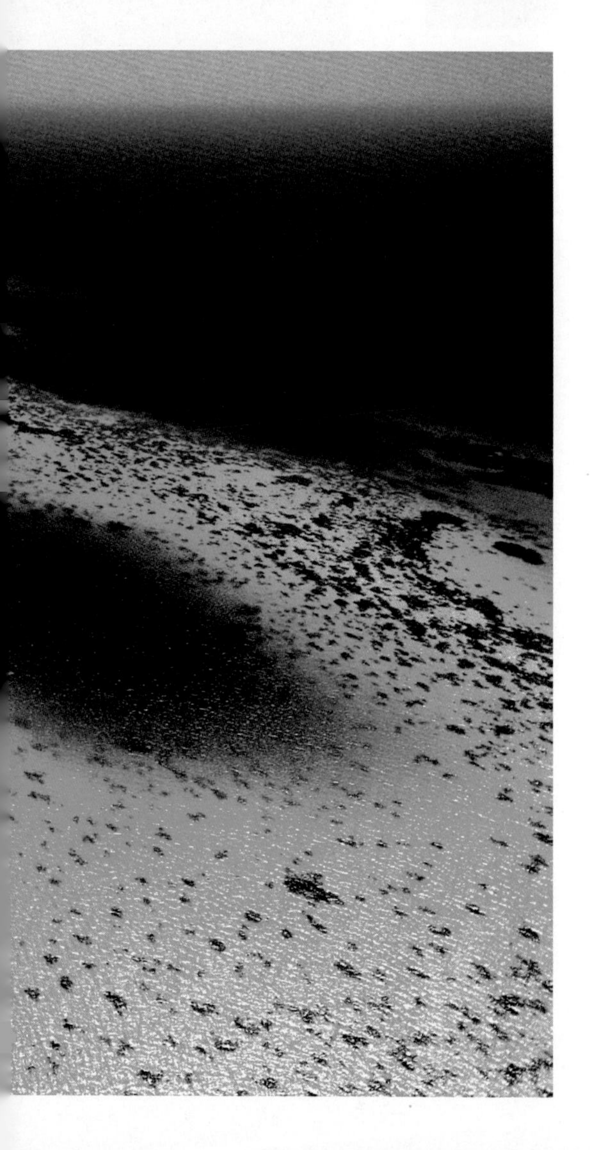

于非洲大陆的阿拉伯半岛从非洲分离。红海中部海沟深达2000米左右，在一些构造活动比较剧烈的地区，深度甚至超过3000米。由于红海是封闭的，蒸发量又特别大，平均盐度是4.1%，水温从冬到夏在22℃～26℃之间变化。这些特征加上非常清澈的水质为约130种不同的珊瑚体的形成与生长，创造了理想的生态环境，这些珊瑚体构成这个地区特有的珊瑚礁，它们是世界上分布最北的珊瑚礁，成千上万的漂亮鱼类和其他海洋生物以此为良好的栖息地，大量五颜六色的普通扳机鱼依靠珊瑚为生。另外，只有能够忍受海葵强烈蜇刺的鱼类才得以生存，如漂亮的小丑鱼。在更开阔更深的海域生活着巨大的鲹科鱼，还有很多种鲶科鱼和梭鱼群。尤其是在沿着暗礁较深的海域，可以看到很多不同种类的鲨鱼，如白顶礁鲨和槌头双髻鲨。当然，要是能看到罕见的鲸鲨，就太令人激动了。鲸鲨是现存已知最大的鱼类，体长达18米，其巨大的嘴专门用于收集它赖以生存的浮游生物。

整个红海海滨散布着众多大大小小的岛屿，并被深达40～50米的珊瑚礁包围着。这个深度之下，可穿透的光线已经很弱，造礁珊瑚与腰鞭毛虫和虫黄藻等藻类共生，它们的器官共同吸收阳光。埃及的大吉夫通（Giftun）岛的珊瑚礁最为著名。曾经闻名于世的胡尔盖达（Hurghada）海滨胜地，如今已被一个海上公园包围。在另一处海滨胜地阿拉姆港（Marsa Alam）附近建立的瓦迪·吉马勒-哈马泰（Wadi El Gemal-Hamata）保护区以能与海豚共泳而闻名。瓦迪·吉马勒-哈马泰保护区包括一座珊瑚岛和一大片深入内陆达几千米的沙漠，后者保护着哈马泰山上非常罕见的阿拉伯胶树、大戟和其他少量的沙漠植物，以及多种哺乳动物，如大角野山羊、鹿羚等，还有多种猛禽、蜥蜴和蛇等。尼罗河和红海之间的狭长地带还是5种狐狸的家园，它们是：普通狐狸、鲁派尔狐、浅色狐、大耳小狐，以及最近才发现并被确认的布兰福德狐，这些狐狸除了这里仅在亚洲出现过。

其他的珊瑚礁集中在苏丹海岸一侧，包括苏丹港海洋保护区、桑加内布（Sanganeb）环礁和萨瓦金（Sawakin）群岛。在厄立特里亚，海洋保护区保护着美丽的达赫拉克（Dahlac）群岛，如今，达赫拉

柳珊瑚有扇子一样的触手，其直径可达3米

像二带双锯鱼一样，底层的小丑鱼能够在腔肠动物辐线海葵的强烈蜇刺之间生存

珊瑚礁附近的海域生物繁多，珊瑚礁为许许多多的生物群体构建了一个生态系统。棘软珊瑚目的软珊瑚不但有珊瑚的粗糙钙质外部结构，而且具有柔软的内部微粒，这使得软珊瑚既坚固又柔软

梭鱼是大型食肉类鱼，大约有30种，最大的魣属金梭鱼长达1.8米，它们成群地生活在一起

儒艮是一种海洋中罕见的海牛类食草哺乳动物，儒艮以马尔萨沙质海底的海藻为食，活跃于整个红海海岸及浅泥质海湾内

鲸鲨是现存已知最大的鱼，体长达18米，其虚张声势的大嘴仅仅用于收集其赖以生存的浮游生物，对人类没有任何危险

宽吻海豚和它的孩子在浅水域游动。海豚是群居性哺乳动物，喜欢温水海域，因此在海滨胜地阿拉姆港，游客经常有机会和海豚一起游泳

白顶礁鲨是珊瑚礁周围唯一可见的鲨鱼

克群岛已成为重要的旅游目的地。这些岛上生活着索氏瞪羚，还有形态奇特、黑背白腹的鸟——黑背白腹海燕，它们以退潮时遗留在沙岸上的螃蟹为唯一的食物来源。几乎整个红海海岸的浅泥质海湾内都有儒艮，这是一种海牛类食草海洋哺乳动物，安静的它们以海底的海藻为食。

红海海岸的另一特色地带是几千米宽的红树林沼泽。红树是唯一能够把根扎在海盐水中的树种。在靠近苏丹边界的埃及贝勒奈西（Berenice）附近的盖巴尔·埃尔巴（Gabal Elba）山国家公园有大面积的红树林沼泽，沿海岸长达50千米。保护区内有很多的海榄雌和红茄苳，在小岛及红树林间生活着大约60种鸟类，有褐色鲣鸟、苍鹭和白鹭的几个种、海鸥和鱼鹰的两个种。在距离海岸不到几千米的海岛山岩石上有罕见的白腹隼雕和努比亚秃鹰；在沙岛区域则生活着很多爬行类撒哈拉动物群，如有毒的角蝰、巨蜥和沙漠飞龙科蜥蜴。有些哺乳动物是本地特有的，如麦基林沙鼠。几乎可以肯定的是，豹也只在这个保护区内游荡。

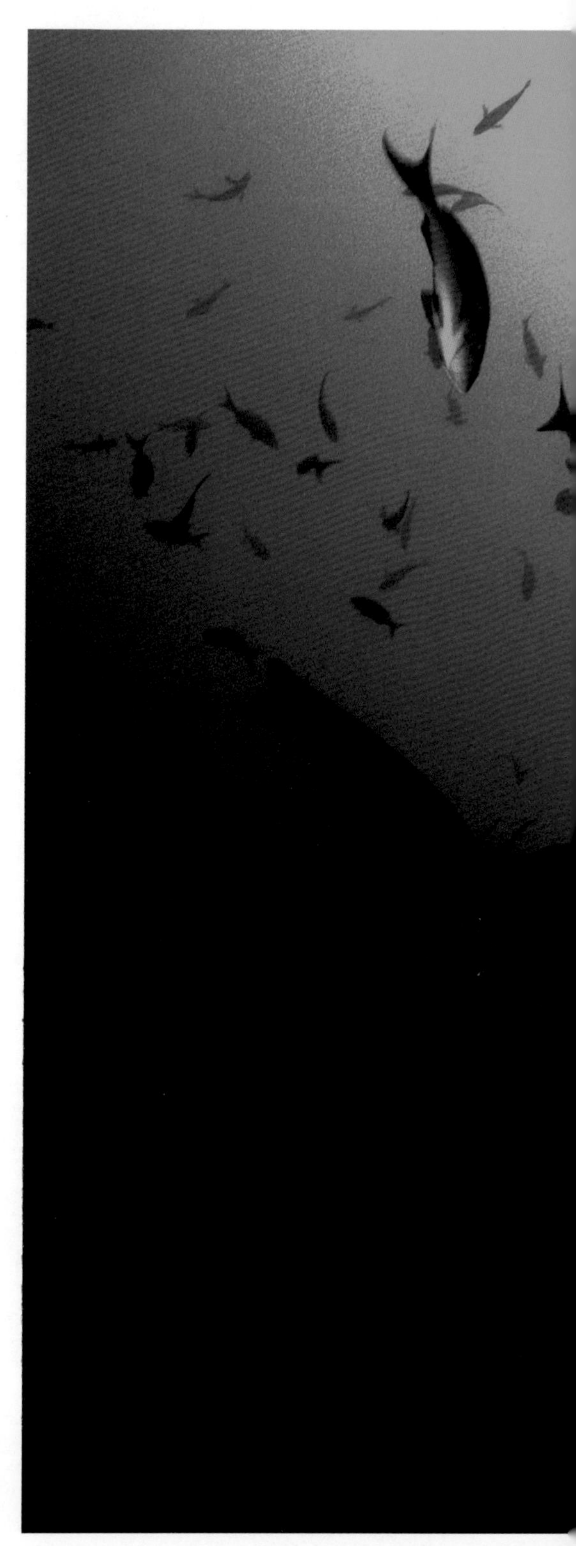

双髻鲨常数百头一群活动，其体长达6米，与其他鲨鱼不同的是，双髻鲨用卵囊繁育后代

04

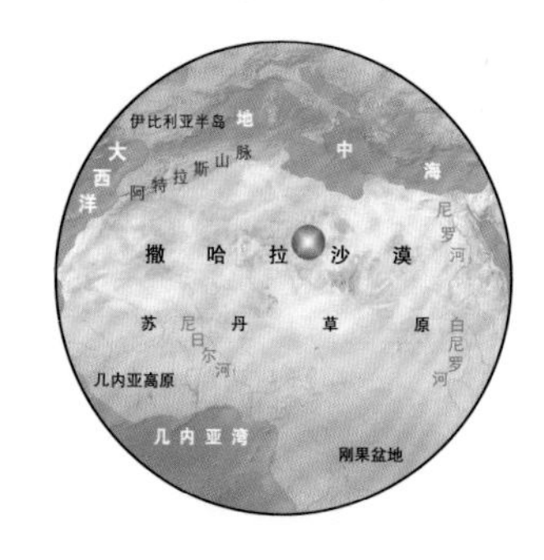

沙漠瞪羚生活在大部分的撒哈拉沙漠地区

摩洛哥—阿尔及利亚—突尼斯—利比亚—埃及—乍得—毛里塔尼亚—尼日尔

The Sahara Desert
撒哈拉沙漠

世界闻名的撒哈拉沙漠（Sahara），被称为“沙漠中的沙漠”，是世界上最大最著名的沙漠，而人们可能不知道其名称的由来。“Sahara”一词源自阿拉伯语“Sahrā”，意为“黄褐色”或“茶色”。撒哈拉沙漠的面积达900多万平方千米，几乎相当于非洲大陆的三分之一，它西起大西洋海岸，东至红海海滨。撒哈拉沙漠的奇妙景观令人匪夷所思：它并不是被单调的沙子覆盖的平原，在典型的沙化区域常伴随巨大的沙丘，这种沙丘有的高达300米，长数英里，这是自然风的杰作。强劲的风带着沙尘从东北方向吹来，包括举世闻名的巨大沙尘暴吉布利风和哈麦丹风，沙尘暴一旦暴发往往连续数日遮天蔽日。在尼日尔北部的“沙海”之中也有面积巨大的自然保护区，如著名的阿伊尔与特内雷（Air and Ténéré）国家自然保护区，面积达8000平方千米。对于极其稀少的门德斯（Mendes）羚羊来说，这个自然保护区简直就是一个“圣地”了，要知道，门德斯羚羊是在这不毛之地中生活的少数食草物种之一。

在特内雷发现了一些很重要的化石：最完整的恐龙骨架和长达12米的巨大鳄鱼骨架。有流动沙丘的沙漠仅占整个撒哈拉沙漠面积的1/5，其余的部分为

撒哈拉沙漠占据了阿尔及利亚大部分地区，在这里，沙丘与干旱的岩石山岭交替出现

撒哈拉沙漠中，巨大的流动沙丘有时可达300米高，数千米长

砾漠，包括乱石密布的平原和岩石裸露的高原。广袤的高原才是撒哈拉沙漠的基础，北部一些海拔400～500米的平原在较低的地区出现盐沼。

北非的盐沼是充满盐晶的大凹坑，盐晶的存在充分表明撒哈拉沙漠的大部分区域曾是大海，之后沧海桑田，海水蒸发，留下了大量的盐晶体。最大的一处干洼地叫杰里德（El Djerid），面积达7000平方千米，位于突尼斯南部的托泽尔（Tozeur）。冬季，这里的盐洼地积满雨水，形成重要的湿地，吸引大量的欧洲候鸟，但这里之所以知名还是因为它是躯体庞大的品红火烈鸟的栖息地，这些火烈鸟总是循规蹈矩，夏季在遥远的地方繁殖完后代，便到此过冬。

在撒哈拉沙漠中南部，有干旱而多岩的山岭，如突尼斯境内的霍加尔（Hoggar-Tassili）山，由非洲最古老的岩石组成。这些岩石形成于20多亿年前，形状奇特，有尖塔状、拱门状和蘑菇状，这些地貌或因古河流侵蚀所致，或因古河干涸之后风力搬运砂石而成。整个山岭统称为阿塔科尔（Atakor）山，其中塔哈特（Tahat）高达3000米，为阿尔及利亚最高峰。其他撒哈拉地区的山岭实际上多为火山喷发而成的死火山口，最著名的是尼日尔境内的阿伊尔（Air）山和乍得西北部的提贝斯提（Tibesti）山，提贝斯提山紧邻利比亚，包括七个火山锥，其中最高的一座叫库西山（Emi Koussi），高达3415米。可以看出，撒哈拉是非洲一片广大区域的总称，地貌特征有些地方单调如一，有些地方又千差万别，但其共有的特征是气候极其干燥、极端高温，不适合人类居住。撒哈拉地区年平均降雨量不足200毫米，有些地方甚至数年滴雨不降，而炽热的阳光又加速蒸发了这里哪怕仅存的一点水分，情况愈发严酷。

乍得境内恩内迪高原上的阿尔什山位于峡谷的底部，该峡谷由流水长年累月冲蚀而成。西撒哈拉和中撒哈拉的柏柏尔人驼队的单峰骆驼常来此饮水，但这个地方之所以著名却是因为这里竟神奇地栖息着一群尼罗鳄

在撒哈拉，昼夜温差非常大。白天暴露在阳光下的土壤温度可达80℃，而到了夜晚，温度会急速下降到零度以下。尽管如此，撒哈拉却并不缺乏水源。地表之下，土层由于岩石和黏土的存在天然形成了防水层，大量的水汽得以聚集。人们只要通过凿井或引入天然的泉水，就会形成众多的绿洲，在这难得的绿色区域种植椰子树等植物，甚至庄稼，人类就可以在这种极端恶劣的环境下定居于此。当然，撒哈拉也有岩石，岩棚也提供了一席遮阴之处。在峡谷地区，雨水和天然泉水常汇集成池塘或流入古河床之中。在乍得的恩内迪（Ennedi）高原的阿舍伊（Archei），水塘里甚至生活着一小群鳄鱼。

由此可见，即使在沙漠地区，生命依然存在。尽管数量稀少且罕见，但在整个撒哈拉依然生长着大约1000种植物。有些植物已经很好地适应了这里极端恶劣的环境，它们的根系发达，以便收集地表深处的水分，甚至汲取地下水。一般情况下，它们的根多为球茎状，球茎内的组织能够储存珍贵的水分。很多一年生植物的种子能够在第一场雨后快速发育：紫茉莉科植物甚至能在萌发之后8～10天内就结籽。有些喜光植物，如大戟科植物、景天科植物和番杏科植物的叶子已经演化为刺状，这种多肉保水的构造能减少蒸腾作用造成的水分流失，深植于地下的树根对保持

家驼的种群来源至今不明，因为至今还没有发现野生的种群

有水汇集的绿洲中长满植物，如枣椰树、橄榄树和柏树等

白天，大耳小狐躲在地下洞穴中，黄昏时出来捕食小型哺乳动物、蜥蜴和昆虫

哈加尔山区的红色岩石是非洲最古老的岩石，产生于2亿多年前，经过古河流漫长岁月的冲蚀、风沙的吹蚀，现如今千奇百怪，有尖塔状、拱门状和蘑菇状等

沙漠巨蜥是撒哈拉沙漠地区体型最大的一种蜥蜴，体长达1.5米。沙漠巨蜥以小啮齿类、各种动物蛋和其他蜥蜴为食

水分也起到了一定的作用。锐利三芸草、藜科植物以及扁芒草等组成典型的撒哈拉禾本科种群，与其共生的还有几种合欢树。而在撒哈拉山区则生长着一些古老的树种，这些高大的树木仅沿河道、峡谷和河谷生长。在阿尔及利亚的阿杰尔高原（Tassili n' Ajjer）国家公园，我们可以看到古老而巨大的撒哈拉柏树，有些树龄达2000年。1978年，人们发现了153个物种，到1994年，被发现的物种已达240个。

被称为“沙漠之舟”的单峰骆驼是撒哈拉的主要交通工具，西撒哈拉和中撒哈拉的图阿勒格人（Tuareg）在穿越撒哈拉时常用骆驼组成驼队，单峰骆驼用来负责驮运食盐和日用品等。这些家养骆驼有着非凡的适应能力。尽管撒哈拉的环境严酷而多变，但仍有大量的哺乳动物定居，有些动物的生理和行为特点完全适应了这里的极端干旱和极端高温。这些动物通过肾的进化来大量地节水，其超凡的能力是用尽量少的尿液排出尽量多的尿溶物。它们还能排出干粪便，甚至能够回收自身新陈代谢而产生的水分，不用饮水也能够存活。有些啮齿类小动物，如各种沙鼠、跳鼠，肉食动物如大耳小狐（这是一种长着大耳朵的小型狐狸）。它们有夜行习惯，白天都在地下洞穴或岩洞等凉爽的地方躲起来。啮齿类的梳趾跳鼠家族有两个活动时间，即清晨和晚上，而在白天温度太高或夜晚温度太低时它们就在洞穴中睡大觉。大型食草动物如瞪羚（或称小羚羊）和跳羚（大羚羊）在早晨露水丰富的时候吃草，这样就不用排汗以节约水分，它们能使自己身体的温度达到或超过所处环境的温度，以避免身体器官受到伤害。

在过去几个世纪里对动物的大量捕杀造成了严重后果之后，撒哈拉区域的很多国家刚刚着手建立国家公园以保护或引进一些濒危物种。如今，在突尼斯的西迪·布·海德马（Sidi Bou Hedma）国家公园、摩洛哥的德拉阿河下游（Lower River Draa）国家公园以及阿尔及利亚的阿杰尔高原及阿哈加尔（Ahaggar）国家公园等地，已有可能看到食草动物群，如瞪羚、曲角羚羊、弯角大羚羊，在山区可以看到北非绵羊——如今在保护区之外这种绵羊已经十分罕见。较为稀少的肉食动物如沙漠猫和撒哈拉豹，已

经不超过10种，与其命运相同的还有北非鸵鸟。山区里的很多国家公园和保护区被发现有新石器时代撒哈拉人洞穴文明的遗迹，如岩洞和岩壁上精美的壁画、石刻和神奇的艺术品。这些遗迹至今已有数千年历史，令人惊奇的是这些作品记录了当时的狩猎场景，画面中的猎物如今早已在撒哈拉地区消失，如狮子、长颈鹿、大象和河马。显而易见，大约15 000年前，撒哈拉地区绿草青青，水网纵横，千兽百鸟，一如今日的热带大草原般生机盎然，万物勃发。

小面积的白沙漠位于尼罗河西岸，靠近法拉夫拉绿洲和巴哈里亚绿洲。因分布着大量雪白的钙化露头（状如大蘑菇）而得名

锡瓦是埃及最大的绿洲，其周遭是石灰岩山和金字塔状的盐丘及沙丘

盐沼是撒哈拉地区的低凹之处，表层泥层由结晶盐组成。冬季，这里由于降雨会导致洪水泛滥

05

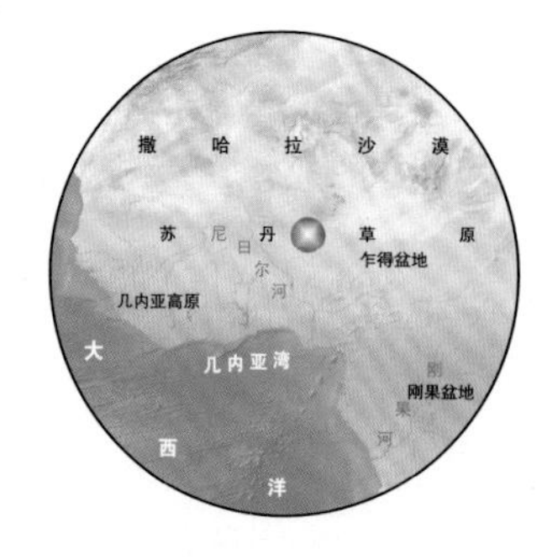

塞内加尔—毛里塔尼亚—布基纳法索—乍得—喀麦隆—尼日尔—尼日利亚—中非共和国

The Sahel and the Central Western Savannas
萨赫勒地区和非洲中西部萨瓦纳（热带稀树草原）

从撒哈拉沙漠的中西部向南，就会穿过一条条彼此平行的气候—生态带，逐渐由不太干旱到较干旱，直至不毛之地。离开真正意义的沙漠之后，就进入所谓的萨赫勒地区。这里虽依然干燥，但逐渐变成大草原带——著名的苏丹大草原，草原上生长着少量适应干燥少雨环境的树木。最终在接近赤道时，气候变得较湿润，有较多河流流域、冲积平原，至此就变成典型的温润的几内亚萨瓦纳，在这里，生物多样性十分明显。再向南，几内亚萨瓦纳就与真正的赤道雨林相互交替，尤其是在一些河流流域。

非洲的东部地理生态景观丰富，地表上有高山、深而宽的构造裂谷（东非大裂谷）和巨大的高原，因此传统的气候分布带规律不适用于这个地区。

萨赫勒地区从大西洋海岸的塞内加尔北部边界和毛里塔尼亚延伸到红海海岸的苏丹和厄立特里亚。从气候上看，其特点是每年只有一个雨季，从五月一直到九月，南部年降雨量较大，可达约600毫米，而北部的有些区域年降雨量竟不足100毫米。与此对

博库湖是乌尼扬加砾漠湖群中的一个，属于淡水湖，棕榈树和成片的芦苇围绕着整个湖，湖内生活着两种鱼

卡萨芒斯河注入塞内加尔海岸的大西洋，向北不远，有冈比亚河、萨卢姆河、塞内加尔河，每条河都有很多湖泊和水塘，周边密布雨林和红树林。这里动物群落众多，是鸟类的乐园，有鹈鹕、苍鹭和鹳等

一群粉红背鹈鹕掠过萨卢姆河三角洲的水面。萨卢姆河三角洲位于一个峡谷状的国家公园内，是数百万候鸟的家园，尤其是来此越冬的欧洲候鸟，如野鸭、苍鹭和鹳等

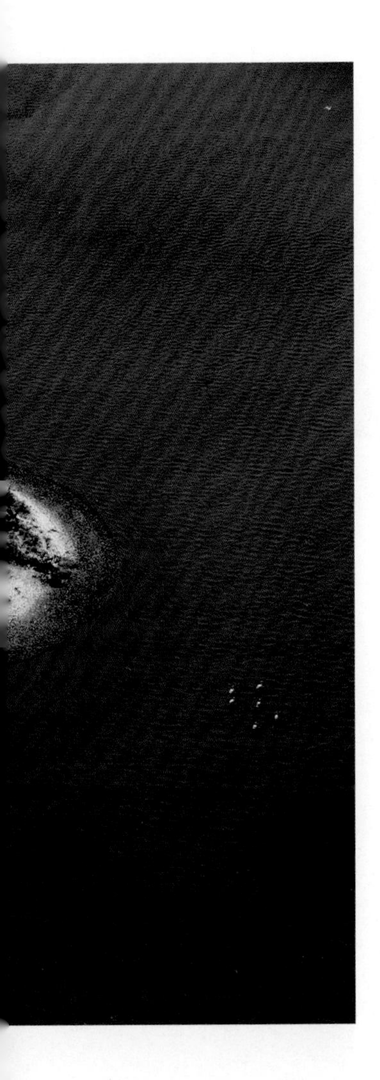

应，该地区月平均气温的峰值可达36℃，最低为10～21℃。此外，从1930年有气象监测记录以来，该地区降雨量明显地逐年减少，已导致了撒哈拉以南地区严重的环境问题，尤其是在尼日利亚、布基纳法索、乍得和苏丹，沙化和沙侵日益严重。绵羊、山羊等牲畜的过度放牧导致原生植物无法再生长，而植被覆盖是阻止沙漠扩展的关键要素，但是绵羊、山羊和其他牲畜又是这个地区原住半游牧牧民的经济基础，这始终是人类生存与环境的矛盾。

气候和生态条件决定了萨赫勒地区植被稀疏，例如：在北部乍得境内的里梅干河（Ouadi Rime）和阿希姆干河（Ouadi Achim）国家自然保护区，仅有几种草可以生长，如画眉草属、针翦草属和天芥菜属植物，以及少量树木如盘曲金合欢树及其亚种金合欢树。动物群与撒哈拉动物群相似，只是这里的鹿羚更为著名。令人耳目一新的是毛里塔尼亚的大西洋海岸，这里的阿尔金海滨（Banc d'Arguin）国家公园内的海岸和沙漠地带生活着上百万只水鸟，诸如鹈鹕、海鸥、燕鸥、苍鹭和鱼鹰，它们把巢筑在地上，并且有很大面积的领地。公园北部漂亮的海崖上有很多洞穴，大约150只珍稀的僧海豹就以这些洞穴为家繁衍后代。

萨卢姆河宽阔的河道像一棵大树，枝叶沿河岸伸向沙漠

尼日利亚的乍得盆地（Chad Basin）国家公园和喀麦隆的瓦扎（Waza）国家公园都位于几百万年前形成的古盆地中，曾经的湖面面积达30余万平方千米，直到最近才因气候干旱而干涸。尽管被命名为乍得湖，而实际上湖水分属尼日尔、尼日利亚、喀麦隆和乍得，湖水水位会因年降雨多寡而升降。整个乍得湖生活着众多的水鸟、黑冠鹤、河马、水獭和鳄鱼，而湖岸则是大象们聚集的场所。有一个羚羊种群孤立地生活在芦苇和纸草密布的岛上。

萨赫勒地带以南才是真正的苏丹大草原，这里宽阔平坦，气候温和。事实上，在苏丹大草原的有些地区每年会有两个雨季，降雨量600～1000毫米不等。这里的森林覆盖有不同种类的合欢树，一起生长的还有少量巨大的猴面包树、加那利海枣和非洲棕榈树。在这个地区还有几处大面积的非常重要的国家公园，如乍得的扎库马（Zakouma），中非共和国的马诺沃-古恩达-圣·弗洛里斯（Manovo-Gounda-Saint Floris）面积达17 400平方千米、巴明古-斑格朗（Bamingui-Bangoran）面积达10 700平方千米。尽管这些国家公园或保护区内的动物种群不是很丰富，但是仍然为所有大型猫科动物提供了家园，其中包括大山猫、獴，另外还有黑白犀牛的中非亚种，以及多种羚羊，比如马羚。除此之外，这些保护区还坚决地保护着最高贵、最漂亮的羚羊——旋角大羚羊。这种羚羊肩高达2米，为非常罕见的羚羊亚种，喜欢游荡在鞋木林中以其叶子为食。而西部大旋角羚羊则生活在塞内加尔境内的尼日尔河西边的尼奥科洛-科巴（Niokolo-Koba）国家公园。在尼日利亚，也有可能在乍得，会发现数量在增加的稀有的西部长颈鹿亚种，其外表浅茶色，有时又几乎是白色的，带有稀疏的斑点。

W形跨国国家公园兼及布基纳法索、尼日尔和贝宁三国。尼日尔河蜿蜒曲折地穿过尼日尔，形如字母“W”，公园由此得名。公园面积达9120平方千米，其北部很大一部分属于苏丹大草原，而南部气候较为湿润，每年两个雨季的合计降雨量为900～1600毫米，这样的降雨量维持了典型的几内亚草原植被类型。如此草密林茂的环境，当地人称为“布鲁塞”

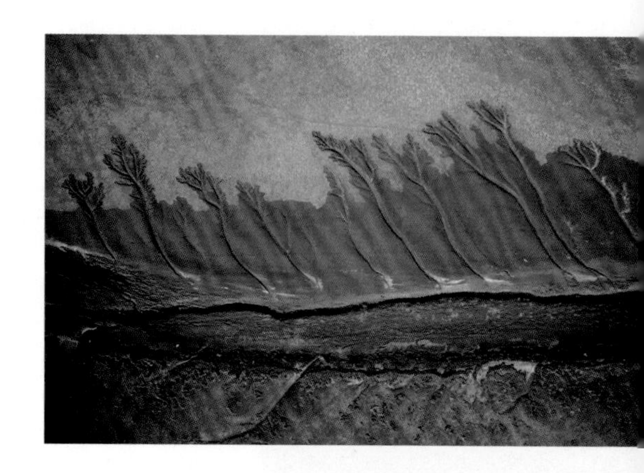

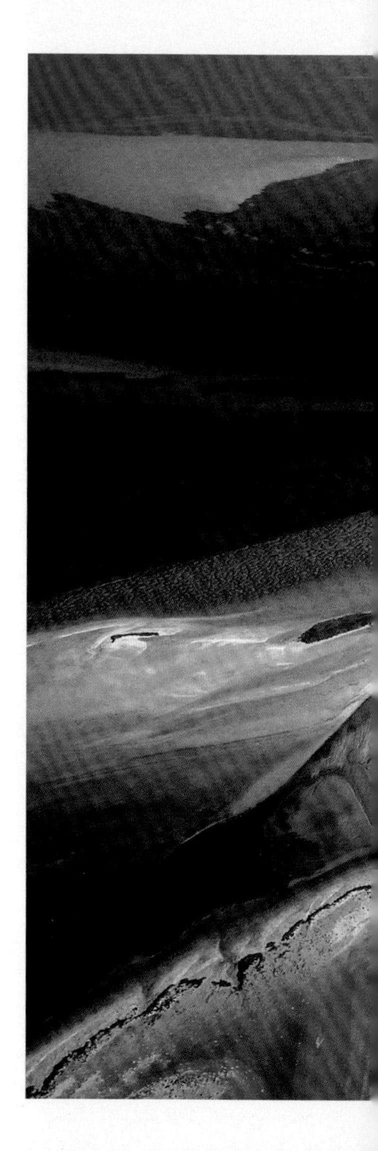

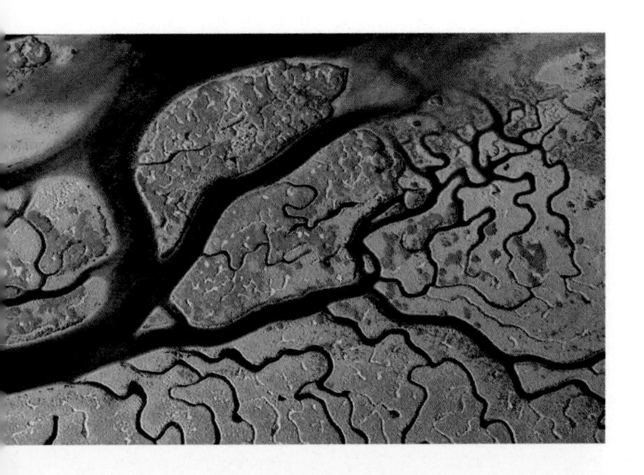

毛里塔尼亚大西洋海岸的阿尔金海滨区有很多沙岛、盐泥塘、红树林岛和海滩，受大西洋潮汐影响，不计其数的海鸟在沙滩上筑巢越冬

（brousse），意为这里同时拥有苏丹大草原与典型森林树木包括棕榈、油椰子、木棉和榕树等。这里是典型的卡拉特（karate）草原，牛油果树十分普遍。这里的水土因降雨而流失，一场大水就会使这里成为水乡泽国，处处沼泽。

当然，对水羚属动物，诸如马羚和水羚来说，这里再好不过，与这些水羚一起生活着成群的水牛和大象。在这个生态区，有许多本土两栖类动物，如有些非洲蛙专门生活在区内的众多小河里。重要的是，西非很多潮湿地区，如塞内加尔的卡萨芒斯（Casamance）沼泽和朱季（Djoudj）国家公园，每年都会有成千上万种古北区候鸟迁徙来此越冬，如野鸭、苍鹭、白鹭、鹳和篦鹭等。

这里有两座山高耸在高原和草原之上，说高耸，实际是相对高原和一马平川的大草原而言的，两座山的高度都在1000米以内，当然不排除极个别的顶峰会达到2500米。在喀麦隆的曼德拉（Mandera）和阿达马瓦（Adamawa）高原，岩石耸立、极其干旱，生活着一些本地动物，如山地小苇羚的孑遗种。只有尼日利亚的乔斯（Jos）高原上还存活着西非山羚。

马里的多贡人在悬崖峭壁上构建石头村落，这里可以看到撒哈拉大沙漠与稀疏的合欢树林的边界，合欢树林代表着半干旱的萨赫勒地区开始出现

06

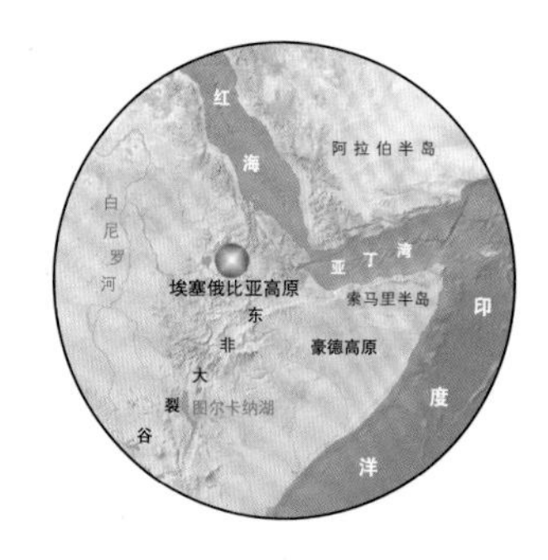

埃塞俄比亚—索马里—厄立特里亚—吉布提

The Horn of Africa and the Ethiopian Highlands

非洲之角和埃塞俄比亚高原

非洲大陆的最东端是一个突出的半岛，三面由红海、亚丁湾和印度洋的海水围裹。索马里海岸的形态就像一个长三角形，瓜达富伊角(Cape Guardafui)为三角形的一个顶点。这里是非洲大陆的最东端，因为位置凸出，而被人们称为“非洲之角”。在地图上，索马里、埃塞俄比亚和吉布提位于这一地区，但是从生态学的角度来看，苏丹的红海海岸和肯尼亚北部在气候学、植物学和动物学特征上也与此区域相似。除了埃塞俄比亚中部山区，尤其海拔较高的山峰上冬季常有降雪之外，这个区域的其他地方都是干旱气候，高温少雨。在厄立特里亚的海滨低地丹卡利亚（Dancalia）盆地（丹卡利亚沙漠）更是极为干旱，年降雨量不超过50毫米。在丹卡利亚建立的扬杜迪·腊萨（Yangdudi Rassa）国家公园为半干旱环境，索马里野驴最后的种群存活于此，与其一同生活的还有索马里瞪羚、格氏斑马、东非直角长角羚和一种“非洲之角”特有的小羚羊——犬羚属。多岩石地区是阿拉伯狒狒的家，这种狒狒可是古埃及人崇拜

达洛尔火山区到处是间歇泉，沸腾的泉水喷发出携带大量矿物质的炽热蒸气，年久冷却后形成厚度达2000米的盐和矿物壳

红海、厄立特里亚和索马里海岸围成的三角形构造盆地是强烈地震多发区，该区域平均海拔低于海平面120米，潟湖众多，火山活动强烈

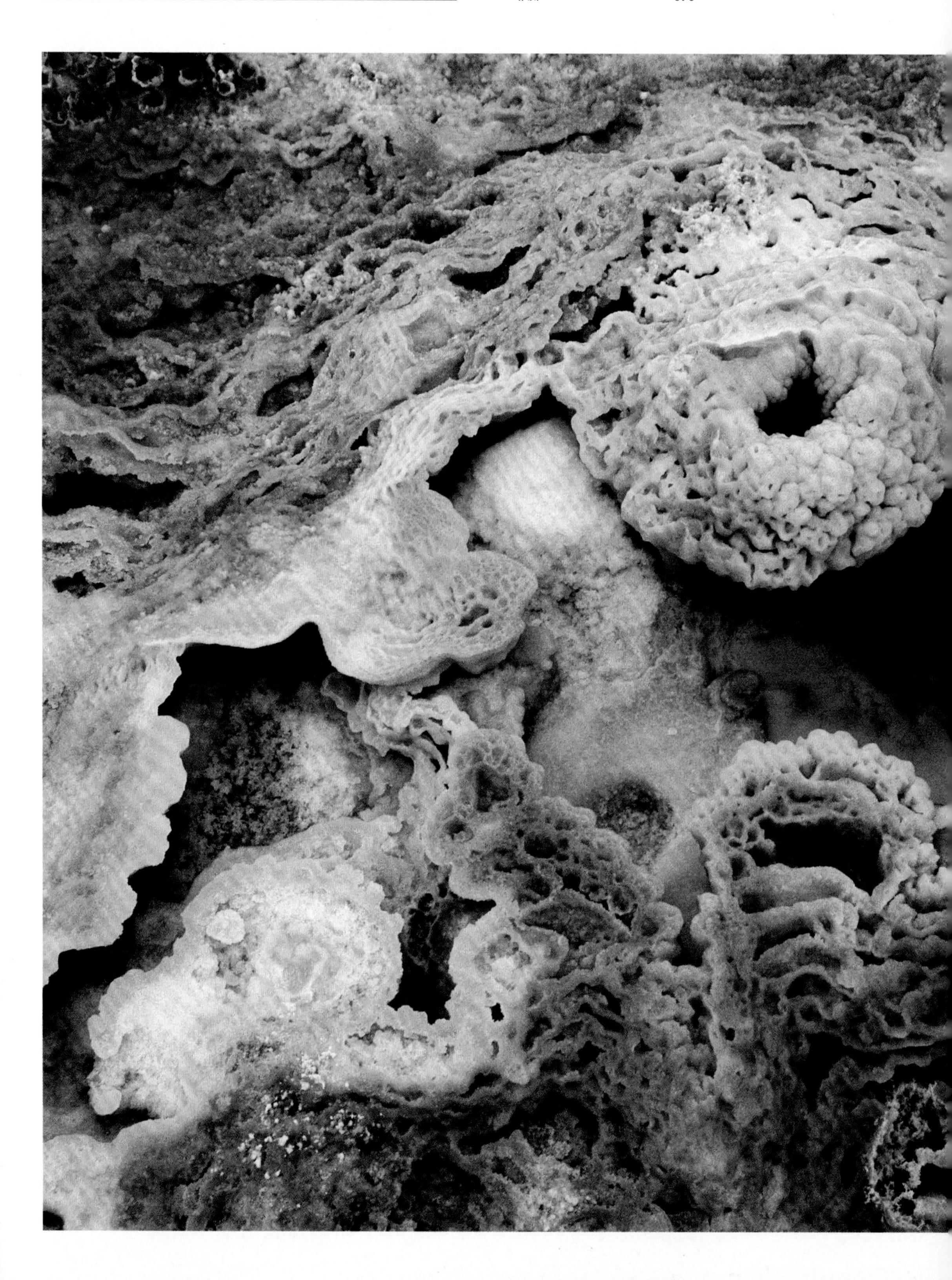

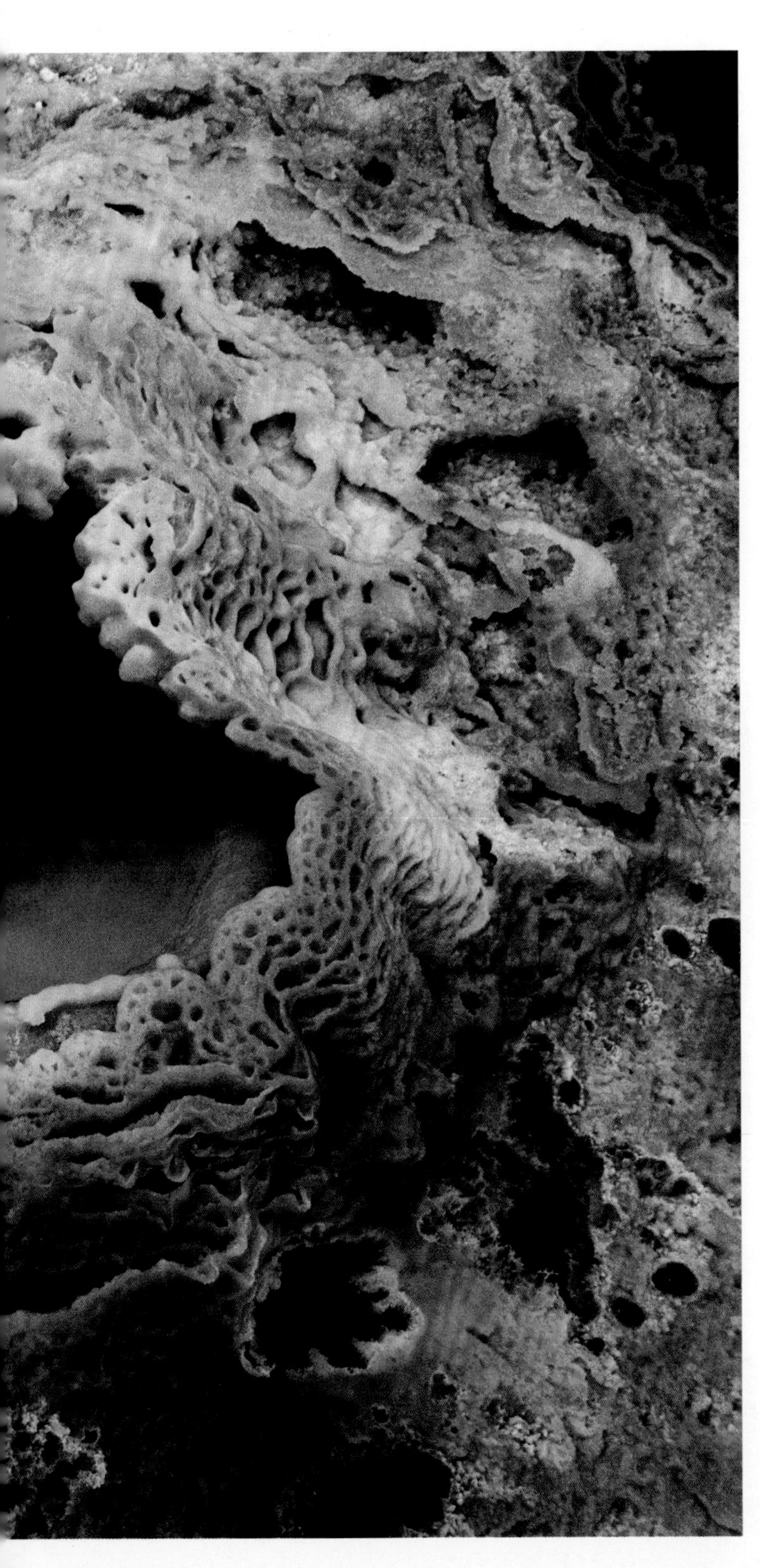

达洛尔地区火山口周围有厚厚的盐晶体和矿物晶体，其颜色不仅取决于化学成分，而且取决于晶体类型

的偶像，它们被当作埃及神话中月神的随从。在地势较高的地方，如埃塞俄比亚城市德雷达瓦（Dire-Dawa）的南面，建有哈拉尔·巴比莱大象保护区，用以保护一个孤立的大象亚种。

阿瓦什（Awash）河流经扬杜迪·腊萨国家公园，最终注入吉布提边界上的阿贝（Abbe）湖。阿瓦什河还流经东非大裂谷的北段，东非大裂谷（在这里也称为阿瓦什裂谷）自东北向西南将埃塞俄比亚高原分为两个部分。沿裂谷前进，可以看到扬杜迪·腊萨国家公园涵盖了阿瓦什河上游。在到达图尔卡纳（Turkana）湖和肯尼亚北部干旱平原之前，沿着东非大裂谷分布着很多小湖泊。加拉（Galla）地区的湖泊群大多被保护区保护起来，如裂谷湖群、阿比亚塔（Abjiyatta）国家公园、阿巴亚（Abaya）湖和查莫（Chamo）湖之间的尼奇萨尔（Nechisar）国家公园和斯特法尼（Stefanie）自然保护区。有些湖非常深，如莎拉（Shalla）湖深达260米，而有些湖深度变化很大，浅的地方只有14米。这里的植物群和丰富的动物群与苏丹干旱型草原相似，比如合欢树林、大型食肉类动物、羚羊和瞪羚，另外，众多的湖泊还吸引了多达390种鸟。这个地区的代表物种是有着大眼睛的小型夜行原猴亚目猴。小夜猴善于攀爬，在合欢树的树枝上生活，以树脂和小昆虫为食。

从这里俯瞰，塞米恩山区一览无余。塞米恩山区位于埃塞俄比亚高原的北部，区内有陡峭的悬崖峭壁，平均高约4000米（其中达尚峰海拔4550米），深达1500米的峡谷垂直地将其分开。塞米恩山区的悬崖上生活着世界仅存的瓦利亚野山羊

与阿拉伯狼有着相近血统的埃塞俄比亚狼，生活在海拔3000～4000米的山区，它们组成了大约10个由雄狼、雌狼和幼仔组成的防卫区，总的来说，埃塞俄比亚狼已成为濒危物种，它的两个群落一个在东非大裂谷北端，一个在巴莱山南面，总数不超过600只

埃塞俄比亚高原被东非大裂谷分为南北两个部分，两个部分的地质、气候和生态特征截然不同。北部多海拔达到4000米的高峰，其中达尚峰（Ras Dashan）海拔4550米，而且被高500米的垂直峡谷陡然分开。这里气候湿润，年降雨量达1500毫米，山峰上时有降雪，温度在－4℃～18℃。这里最重要的国家公园位于达尚峰所在的塞米恩（Semien）山区，平均海拔超过1900米，面积仅220平方千米，有典型的非洲高山植被区，生活着非常特别的亚欧原生动物种群，如瓦利亚野山羊，是非洲仅存的孑遗种野生山羊。瓦利亚野山羊在更新世冰期被迫迁移到非洲，而在冰退之后，孤立地生活在这些山峰上，与世界上的其他野山羊远远隔绝。有着漂亮红色皮毛的埃塞俄比亚狼可能来自阿拉伯半岛，或许是阿拉伯狼的后代。狒狒的种群庞大，大约有600个个体，仅仅见于高原北端。

在东非大裂谷的南部，为了保护南部山区环境，人们建立了巴勒（Bale）山国家公园。巴勒山最高峰达4500米，起伏的高原缓缓蔓延至索马里海滨平原地区。整个公园面积达7400平方千米，保护区内圈有大大的草原，以灌木丛为主，生长有羊茅属、剪股颖属、羽衣草属和大半边莲属植物。区内小湖泊众多，很多本地鸟类围绕着小湖得以生息。

巴勒山国家公园最著名的哈伦纳森林（Harenna forest），是由桧属植物和鹅掌柴属植物所组成的混合型林区，多覆盖有苔藓和青苔，并常有鸟类聚集。在森林的边缘，可以看到公园内最为罕见的羚羊——山地林羚，而在开阔的森嫩提（Sennenti）高原则生活着一群南部埃塞俄比亚狼。由于经济形势严峻，索马里还没有真正的国家公园，仅在有些地方严格管制狩猎。与厄立特里亚和吉布提一样，索马里植被类型为典型的干旱植被，主要有合欢树属和仙人掌属、芦荟属、虎尾兰属、沙漠玫瑰属植物。从自然生态角度看，这几个国家都有很多本地特有物种，如沙羚、大耳小羚羊和吉布提鹧鸪，但遗憾的是这些物种都还未被人们认知和保护，目前它们都处在濒临灭绝的边缘。

雄性狒狒的头、肩和背部有蓬松而浓厚的鬃毛，以此与雌性狒狒相区分

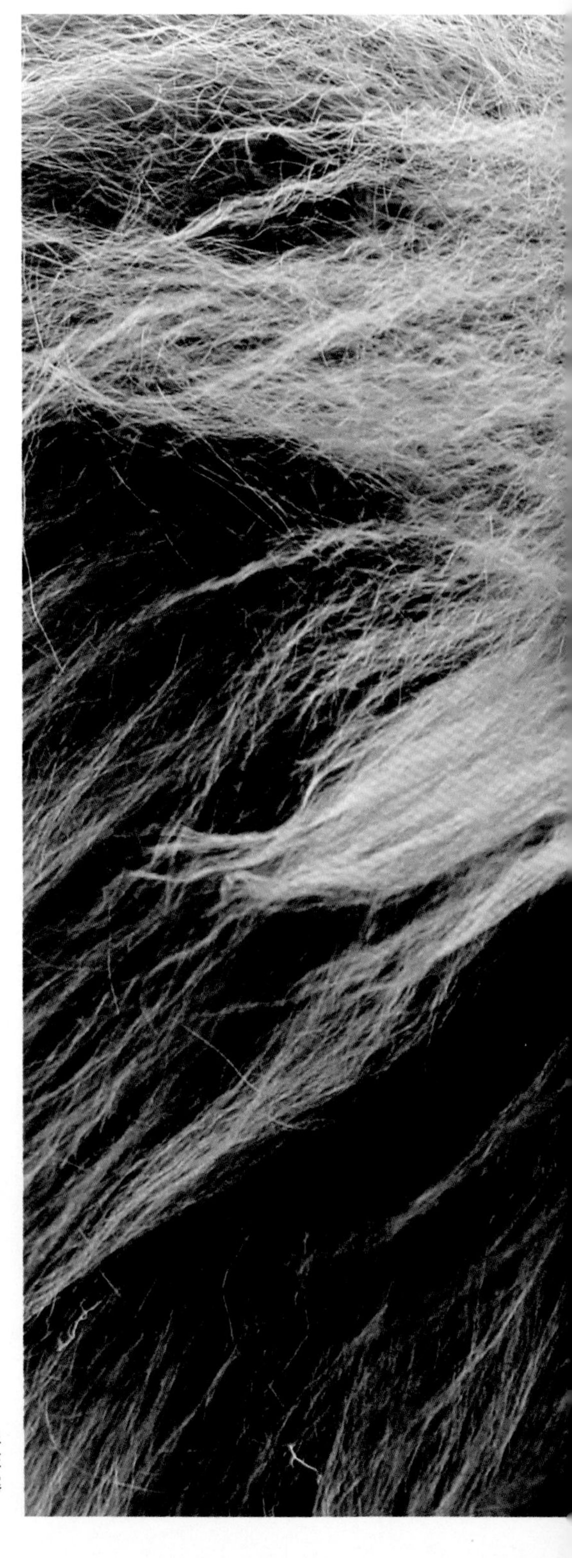

这只雄性狒狒的表情极为紧张，显得很不友好。狒狒常常成群生活在一起，大约有600只狒狒生活在埃塞俄比亚高原的悬岩上

在达纳基尔沙漠的热泉周围有很多大盘状盐壳，其成分是石灰岩，而石灰岩则由滚烫的富含钙质的液体固化而成

07

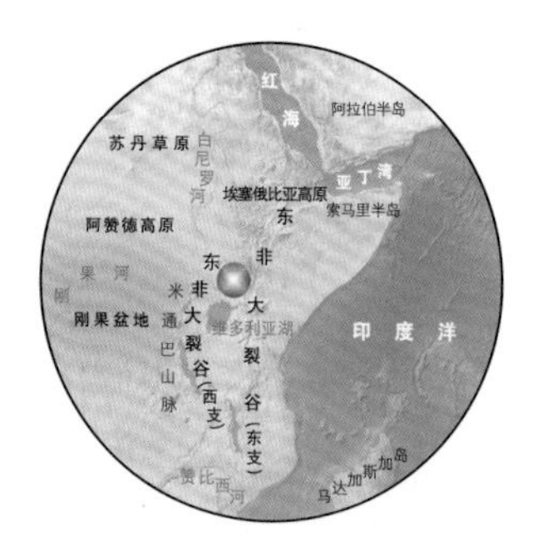

埃塞俄比亚—索马里—肯尼亚—乌干达—卢旺达—布隆迪—坦桑尼亚—马拉维—莫桑比克

The Great Rift Valley 东非大裂谷

东非大裂谷犹如一条硕大深沟划过地球的表面，从约旦向南延伸到红海，覆盖了整个东部非洲，直至尼亚萨湖[（Lake Nyassa）或称马拉维湖（Lake Malawi）]。在整个非洲大陆，沿着大裂谷形成一系列平行大断层（东非裂谷系）。东非大裂谷长约6000千米，有些地区谷底深达百米，裂谷两侧是陡峭的断崖，有些山峰海拔5000米左右，还有些火山正在成长。整个峡谷地热活动明显，约有200座火山，其中120座为活火山，在裂谷谷底，这些活火山就像地壳的安全阀，当超过临界压力时就会向外喷发炙热的岩浆，1500万年来，这种作用一直持续不断地进行着。裂谷迄今仍然在不停地向两翼扩张，平均每年的扩张速度为4毫米，有时达到25毫米甚至更多。如果这种现象继续不停地发展下去，几百万年后的某一天，东非大裂谷终会将东非的陆地从非洲大陆分离出去。这些复杂的地壳活动现象是地质专业研究的对象，专业上这些学科称为“大陆漂移说”或“板块构造论”。

大裂谷自红海岸低于海平面116米的埃塞俄比亚的丹卡利亚沙漠开始。在这里，480千米宽的三角形火山陆地逐渐萎缩至20～200千米宽东北到西南走向

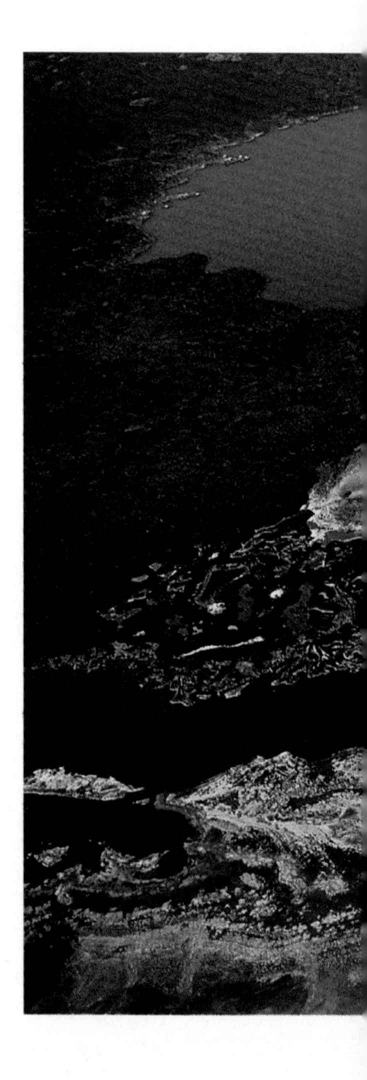

巨大的火山锥耸立在肯尼亚北部的图尔卡纳湖的南岸，证明这个火山生成于大裂谷的谷底

这个翡翠色的小湖位于湖心岛上，这个小岛是图尔卡纳湖中的三个小岛之一

博戈里亚湖是肯尼亚境内的4个裂谷型小湖泊之一，湖周围火山型间歇泉和温泉众多，每年不计其数的火烈鸟都会来此筑巢，但是却不在此繁育后代

玛加迪湖富含具有工业用途的碳酸钠

的构造裂谷。平均宽度50千米。裂谷从这里越过埃塞俄比亚高原，把它一分为二，然后穿过整个肯尼亚，到维多利亚湖，之后分为东西两支。裂谷带西支进入乌干达，最后到达马拉维与莫桑比克边界，在此结束并形成尼亚萨湖。裂谷带东支继续延伸，到达坦桑尼亚中部，形成马尼亚拉湖（Lake Manyala）和埃亚西湖（Lake Eyasi）。

马尼亚拉湖国家公园建于20世纪60年代，目的是保护大象，但是后来却因这里的狮子而闻名。与普通狮子不同，马尼亚拉湖国家公园里的狮子会爬树。在整个裂谷的谷底和边缘，尤其是在肯尼亚，分布有多处国家公园，在北面与埃塞俄比亚接壤的地方，有一条下注肯尼亚裂谷第一大湖图尔卡纳湖（Lake Turkana）的河流奥莫河（Omo River），从前为纪念发现奥莫河发源地的意大利探险家而命名为奥莫·博特戈河（Omo Bottego River）。图尔卡纳湖是鳄鱼的王国，其周围是贫瘠的熔岩荒漠，年降雨量小于255毫米，而年平均气温高达39℃。图尔卡纳湖的东岸就是西比洛伊（Sibiloi）国家公园，著名的古人类学家理查德·李基（Richard Leakey）在科比·福拉（Kobi Fora）地区展开了长时间的发掘工作，发现这里富藏哺乳动物和鳄鱼化石，但是最有意义的是发现了原始人类，即能人和南方古猿的化石。在图尔卡纳湖以南是干旱的肯尼亚北方生态区域，这一区域以其中最重要的国家公园的名字命名，即萨姆布鲁–沙巴–马尔萨比特（Samburu-Shaba-Marsabit）地区。

在这个地区及国家公园里，植物和动物群是典型的苏丹草原类型，灌木覆盖，有多种合欢树的亚种。萨姆布鲁（Samburu）和布法罗·斯普林斯（Buffalo Springs）两个国家保护区被埃瓦索–尼伊罗河（River Ewaso-Nyiro）分开，区内典型的动物群有狮子、豹、猎豹和其他喜欢干旱环境的动物。有些是索马里原生动物，如蓝灰色腿和脖子的索马里鸵鸟和犀鸟、长颈羚或者瓦氏非洲瞪羚、网纹长颈鹿、皇斑马或格氏斑马、犬羚以及相当罕见的较小型捻角羚。在这一地区常见许许多多由石灰石风化而成的红土建造的白蚁窝（红壤蚁山），蚁窝的主人是大白蚁属和白蚁属的白蚁们，这些白蚁又是土豚（非洲食蚁兽）

和穿山甲的美食。面积约1500平方千米的马尔萨比特（Marsabit）保护区保护了漂亮的古火山坑组成的山地，这里的较大型捻角羚非常有名；而沙巴保护区举世闻名却是因为一头叫艾尔萨（Elsa）的雌狮，艾尔萨是著名的电影及《生而自由》（*Born Free*）（又译《狮子与我》）一书的主角。

继续向南，在肯尼亚裂谷里有4个小湖，其中的博戈里亚湖（Lake Bogoria），之前称为汉宁顿湖，其湖滨到处是间歇泉和温泉，证明该湖为一个火山湖，其湖水呈天然的碱性，非常适合蓝绿藻（蓝藻目螺旋藻）繁殖，因此吸引大批到此觅食的小型火烈鸟。另一个因小型火烈鸟和品红火烈鸟而知名的是距离博戈里亚湖不远的纳库鲁湖（Lake Nakuru），此湖海拔约1700米，湖面被多为较耐干旱植被覆盖的国家公园包围。这里有更多其他类型的水鸟（鹈鹕、鸊鷉和朱鹭），湖岸上有金鸡纳树等喜欢淡水和潮湿气候的树种，另外还有黑犀牛和疣猴。

无论博戈里亚湖的火烈鸟还是纳库鲁湖的火烈鸟都不在这些湖里繁殖，为了筑巢繁衍后代，这些火烈鸟们都会迁移到坦桑尼亚北部的富含碳酸钠的纳特龙湖（Lake Natron），在希腊语中，“Natron”就是“碳酸钠”的意思。

巴林戈湖（Lake Baringo）紧邻东非大裂谷，湖水幽深，湖里有鳄鱼和大量的鱼类。漂亮的黑鹰把巢筑在犬牙交错、没有任何骚扰的黑色岩壁上。在水面上飞行速度最快的是非洲鱼鹰。奈瓦沙湖（Lake Naivasha）与其他湖泊迥然不同，其海拔高于其他湖泊，达到1880米，但水非常浅，而且是淡水，因此湖中没有火烈鸟，其他鸟类却非常多，达400多种。这些鸟占据湖心的新月野生动物庇护岛（Crescent Island Wildlife Sanctuary）和莎草覆盖的湖岸。奈瓦沙湖以筑巢鸟群白腹鸬鹚以及种类繁多的翠鸟（鱼狗）、秧鸡和水雉而闻名。东非大裂谷的东面山峦林立，岩崖高耸，有些山峰超过5000米。在肯尼亚，受阿贝达尔（Aberdare）国家公园保护的尼扬达鲁阿（Nyandarua）山脉，山峰高达3900米，稍往东就是著名的肯尼亚山（约5199米）。肯尼亚山是一座死火山，山顶终年积雪。整个肯尼亚山分带明显，到

坦桑尼亚的大裂谷型湖泊纳特龙湖是火烈鸟主要的繁殖地，这要得益于目前还没有人对这里的钠盐资源进行开发

由于水分蒸发得非常快，坦桑尼亚北部的富含碳酸钠的纳特龙湖很快就被盖上厚厚的盐壳

博戈里亚湖湖水呈天然的碱性，非常适合蓝绿藻繁殖，因此有大批小型火烈鸟到此觅食，经常还有品红火烈鸟加入觅食的队伍。这里已成为非洲最为著名的自然奇观之一

在纳特龙湖，火烈鸟最常见的天敌就是土狼、豺、鹳和鹰

海拔2500米都是森林覆盖，以丰富的森林动物为特征，有小羚羊和长尾猴，还有赫氏变色龙。到3000米时出现竹林和哈吉尼亚林区（由桧属植物和野橄榄类植物所组成的混合型林区），在竹林带生存的只有东非邦戈羚羊。高海拔处由于温度过低，只有千里光和半边莲属植物生长在高山草原。

阿贝达尔（Aberdare）国家公园有两家著名的旅馆，一家是建在森林里树梢之上的树梢旅馆（Treetops Hotel），另一家是方舟旅馆（Ark Hotel）。游客从这两家旅馆（尤其是夜间）都可以看到水牛、大象、森林大野猪和羚羊在照亮了的水池里饮水的场景。坐落在坦桑尼亚境内的乞力马扎罗山是非洲的最高点（5894米左右），乞力马扎罗山耸立于整个东非大裂谷及周围一望无际的平原上，从包括阿姆博塞里（Amboseli）在内的一些肯尼亚的国家公园里，都可以看到乞力马扎罗山那熟悉而又独特的轮廓。

博戈里亚湖、纳特龙湖和纳库鲁湖是没有河马的，因为这里的湖水碱性很大。但是在像奈瓦沙湖这样的湖里是不乏淡水的，而且还伴有浓密的芦苇荡

体型庞大的鳄鱼在袭击和捕捉两只
汤氏瞪羚

在肯尼亚大裂谷中，只有少数湖里有鳄鱼生活，如图尔卡纳湖和小型的巴林戈湖。图为一只鳄鱼正在捕杀一只雌性大羚羊

安博塞利国家公园因有众多的大象而闻名于世，是东非大裂谷最著名的国家公园，位于坦桑尼亚边境，如果天气允许，在此可一睹乞力马扎罗山的风采

一头雌性黑犀牛正在和她一岁大的幼仔一起吃草

一群土狼在争食一具动物的尸体

灰冠鹤又称东非冠鹤，生活在较南部的国家公园里。图为灰冠鹤在交配前翩翩起舞

生活在肯尼亚北方的漂亮的网纹长颈鹿（或叫索马里长颈鹿），它们皮肤上有红色的穿插白色网纹的多边形图案

在东非大裂谷北部的国家公园里生活的动物适应了干燥环境下的多刺合欢树，典型的动物是长颈羚，能后腿站立来采食新鲜树枝

巨大的千里光的叶子紧凑呈束状，
并覆盖有一层浅灰色的细毛以防止
夜间温度降低时被冻伤

沿乞力马扎罗山、肯尼亚山或阿贝
达尔山上到3500～5000米时，就
可以看见非洲山地高原草地，植物
主要是千里光、巨型半边莲，肯尼
亚半边莲是肯尼亚山的典型植物

半边莲展现其值得炫耀的花

由于气候的变化，乞力马扎罗山的雪正在消失，海拔较高处的冰川正在萎缩

乞力马扎罗山的顶峰（5894米左右）是非洲的最高峰，可以俯瞰整个大裂谷。其形状清晰地显示这是一座死火山

08

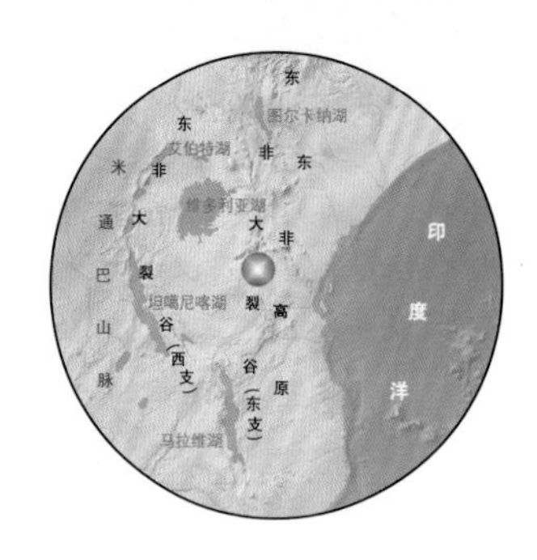

非洲狮在捕猎过程中，只有通过集体团结合作，才能捕猎到长着具有较强攻击性犄角、具备超强体力和极易愤怒的非洲水牛

肯尼亚—坦桑尼亚

The Grassy Savannas of Eastern Africa
东非多草萨瓦纳（东非大草原）

浩繁的文字资料和大量图片使东部非洲大草原，也就是萨瓦纳，尤其是肯尼亚和坦桑尼亚地区的萨瓦纳闻名于世。庞大的食草动物种群被狮子、猎豹、土狼和野狗群等肉食动物捕杀，日益变得珍贵的黑犀牛和高大的马萨伊长颈鹿已经成为非洲的象征，这意味着非洲保持着广袤大地的完整原生态。非洲大草原保护了生物的多样性，进而维持了生态的平衡，约有60种哺乳动物和450种鸟类，其中包括候鸟和留鸟。

塞伦盖蒂-恩戈罗恩戈罗-马拉（Serengeti-Ngorongoro-Mara）区域是规模宏大的综合生态系统，也是非洲大陆最著名的生态系统，从其命名可知，该生态系统包括三个著名的国家公园。当然，从科学研究的角度看，该区域也是最为完整的生态系统，是开展保护区研究的最佳地域。比如，在塞罗内拉（Seronera）地区，塞伦盖蒂研究所为自然学家提供了良好的科学研究条件和研究机会。他们的研究成果已在专业期刊和大众科普读物上发表，其中有些科普读物在20世纪70年代还成为全球畅销书。这些图

东非大草原难忘瞬间：在阳光的映衬下，伞状荆刺金合欢树和平原斑马的轮廓变得越来越模糊，逐渐消失在远方地平线下的雾色中

一头落单的雄性非洲象正在独自穿越肯尼亚马萨伊-马拉国家自然保护区的繁茂草丛

书向读者揭示了非洲大草原上生态平衡关系中鲜为人知的神秘之处，一时间东非大草原上捕食者和被捕食者之间神奇的生存法则成为人们津津乐道的话题。通过在全世界范围的广泛宣传和为游客提供住宿，现在，肯尼亚和坦桑尼亚已成为自然爱好者和摄影爱好者的主要旅游目的地。

肯尼亚南部是占地约1800平方千米的马萨伊–马拉（Masai Mara）国家自然保护区，茂盛的草原上花岗岩山岭林立，马拉（Mara)和格鲁美提（Grumeti）两条河纵穿其中，这两条河都因河里的尼罗鳄而出名。马萨伊是一片古老而又美丽的土地，生活在这片土地上的马萨伊人仍保持狩猎和半游牧状态并以此为傲。尽管马萨伊人与白人保持着密切的联系，但他们一直延续着传统的生活习惯，这种生活习惯几乎没有随时间的变化而发生改变。

马萨伊南部边界与坦桑尼亚边界接壤，更确切地说是与塞伦盖蒂国家公园的北边界相连。塞伦盖蒂国家公园是非洲最大和最著名的公园之一，占地超过1750平方千米。与马拉平原类似，塞伦盖蒂公园也坐落在高原上的平原地区，其平均高度超过1100米，最高山峰海拔约2200米。在公园的东南部，地势逐渐上升，当高度升至1300米时，庞大的恩戈罗恩戈罗火山锥地势突然升高，最高约3650米。这里是世界上最大的死火山口之一，经过几千年的沧桑演变已经成为直径约20千米的绿色草原，丰茂的草原养育着动物群落，其中包括数量可观的羚羊和大型食肉动物。塞伦盖蒂国家自然保护区主要以火山口为中心向北和向西扩展，面积超过了8300平方千米。

在古老的迁徙路线上，正在迁徙的非洲牛羚排成了一条长龙阵。每年它们都要跋涉几千千米去寻找水源充足和营养丰富的草场

马拉河是非洲牛羚、瞪羚和斑马在
迁徙过程中最危险的障碍

行动敏捷，奔跑迅速的黑斑羚主要
栖居在森林和草原之间的过渡区

东非草原内到处是小岩丘，或被称为小丘、岛状丘，它们是被肥沃的东非大草原土壤覆盖的古老花岗岩露头

东非大草原这种典型的巨大生态系统，是地理因子、气候因子和生态因子作用的综合产物，非洲大陆只有东非大草原才具备这样独一无二的环境特点。肯尼亚和坦桑尼亚高原的基本构成特征是：在坚硬的花岗岩上面是极富养分的火山源沙壤层，植物就在这样特殊的地区生长。只有在这些地区，富含营养的土壤层才能变得更深，足以让大型树木长得更为牢固，主要包括伞形合欢树、没药树和普兰特橡果树。普兰特橡果树由于其甘甜的果实可供长尾猴和狒狒食用又被称为“沙漠之椰”。在该地区草本植物多于乔木植物，缺乏足够深度的土壤层并不是唯一的原因，主要是气候条件很难满足乔木植被大规模生存的需求。事实上，该地区的雨季主要集中在每年的12月至次年1月（短降雨期）和每年的4～5月（长降雨期），其他时间主要是干旱期，这就是为什么乔木植被主要集中在潮湿的河流两岸的原因。然而，草本植物和乔木植物之间的此消彼长存在一个动态平衡，这主要取决于两个重要的生态因素：非洲象和火灾。一方面，以树干和树叶为食物的非洲象，通常会吃尽树木，造成森林破坏；频繁的火灾会烧毁新生树木，并阻止其向东非大草原地区扩展。另一方面，非洲象和森林火灾对常见的草原植被却又不是坏事，这些草原植被主要是乔木植物，且是草食动物的主要食源。东非大草原的乔木植物在演化过程中具备两个重要特征：一是它们的生长和传播通过地下根茎进行，因而对火灾不敏感；二是它们具备超强的生长能力，在生长萌芽阶段，即生长基础阶段，乔木植物即使被草食动物轻咬细啃过，也能恢复生长能力。

感谢这些奇妙的特点，在塞伦盖蒂-恩戈罗恩戈罗-马拉生态系统区内，1公顷的草原每年能提供高达9吨的草，可作为400只大型有蹄类动物的食源：带有白色鬃毛的牛羚、波姆氏斑马、汤姆氏瞪羚、大羚羊、非洲水牛、非洲象、大型羚羊和其他大型草食动物。更为重要的是，由于植物和草食动物之间相处得非常和谐，这种天然牧场才没有被破坏掉。

东非草原有蹄类动物会根据饮食需求吃不同类型的草，正是由于这种原因，一块草地被一种或两种动物啃过之后，这些动物们就不再在此久留，而是去

别的草场选择自己喜欢的草，把这片草场留给其他种类的动物。这种被称为“牧场继承”的生态机制，保证了草原被破坏之前能重新恢复，使草原具有稳定的生产效率。而且为了使草原不被重复破坏，群居生活的动物都有迁徙行为，这在非洲东部已经成为一种最著名和最壮观的独一无二的自然现象：每年近130万只非洲牛羚、20万只斑马和几百万只汤姆氏瞪羚都会沿着东非大草原西部几千年前的古老迁徙路线，从塞伦盖蒂南部的东非大草原长途跋涉到马萨伊–马拉北部草原，而回程则沿着东非大草原东部的迁徙路线，途中它们需要跋涉约3000千米。在每年的12月至次年3月，牛羚都会在塞伦盖蒂南部停留下来，因为2月份约有40万只牛羚将要出生，几天后，刚出生不久的小牛羚会跟着它们的父母继续寻找新的草原。

一个雌狮群在马拉河岸树林中行走。马拉河穿越了马萨伊–马拉国家自然保护区和部分塞伦盖蒂国家自然保护区，最终流入维多利亚湖

在每年的6月份，刚刚到达马萨伊-马拉地区的雌性非洲牛羚正处于发情期。这时，雄性牛羚变得激动兴奋并宣布自己的领地，且试图与每一个经过自己领地的有繁殖能力的雌性牛羚交配

东非大草原上的捕食者与被捕食者：一只猎豹正在追逐一只汤氏瞪羚；一头非洲狮也正猎杀一只刚出生的非洲牛羚

橄榄狒狒过着群居生活，雌性狒狒和刚出生不久的狒狒生活在由雄性狒狒保护的安全区内

大约每年2月份，在塞伦盖蒂自然保护区南部，约40万只牛羚生下它们的幼仔，这些幼仔是保护区肉食动物最容易和最常捕获的猎物

瞪羚是猎豹最喜欢的猎物，猎豹利用利爪或整只前腿来击垮瞪羚，这些本领一部分基于本能，一部分是从母亲那里学来的捕猎技巧。猎豹清楚地知道如何迅速准确地咬住猎物的喉咙，直到猎物窒息而死

狮子强有力的下颚和巨大的犬牙既能够杀死体型庞大的猎物，也可以用来转移新生的幼仔

豹能够一胎产下1～6只幼仔，通常是2～3只，其中只有1～2只能够存活下来

开阔的东非大草原上的黄草非常便于猎豹埋伏，猎豹更喜欢较为干旱、地面坚硬的区域以避免快速奔跑时有跌倒的危险。猎豹还能够忍受饥渴，有时甚至能够在撒哈拉和南方沙漠地区生存

09

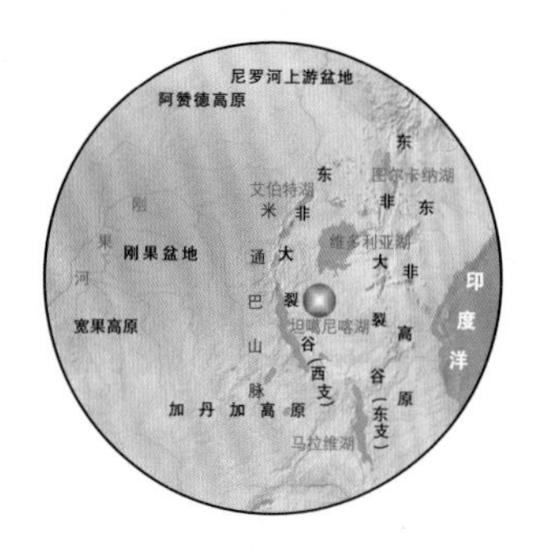

赤道森林里的高大树木耸立在维龙加山区的刚果国家自然综合公园内

乌干达—刚果民主共和国—卢旺达—布隆迪—马拉维

The Mountains of the Moon and the Great Lakes
月亮山和大湖

亚历山大大帝时期的古希腊天文学家和地理学家托勒密（公元100—178年）根据当时的理论和传说声称“月亮山”是尼罗河的发源地。直到1888年5月24日，著名的探险家亨利·莫顿·斯坦利（H. M. Stanley）到达了乌干达与刚果民主共和国的边界，看到了在云层的笼罩下连绵起伏的山峰，当地人把这些山统称为“鲁文佐里”（Ruwenzori），意为“造雨的山”，并认为这些山被盐覆盖。但斯坦利立即意识到：托勒密的直觉是正确的，这些白雪皑皑的山峰当然不是被盐覆盖，而正是月亮山传说的由来。鲁文佐里山的最高山峰几乎终年被云雾笼罩着，这是以前探险家无法看到尼罗河的发源地的真正原因。由于冰川在赤道地区非常少见（在全球只有四处），热带地区也一直被认为没有雪山存在，但鲁文佐里山确实存在雪山，且孕育了东非大裂谷型湖泊和神圣的尼罗河。后来，阿布鲁齐（Abruzzi）公爵和闻名遐迩的意大利登山爱好者、摄影师维托里奥·塞拉（Vittorio Sella）真正征服了鲁文佐里山，他们把最高峰（海拔约5109米）称为“玛格丽塔王后峰”（Queen Margherita）。

难得一见的鲁文佐里山峰，托勒密传说中的“月亮山脉”，终日云雾缭绕

在2500～4000米海拔高度之间的鲁文佐里山坡上覆盖着非洲高山沼泽，生长着巨大的千里光的地面覆盖有青苔和泥炭藓，像海绵一样，可以保存大量的水分

生满苔藓的土壤上长着高达10米的石楠，间有菲利普棕竹

今天，长约160千米的鲁文佐里山是国家公园内的保护区，以森林覆盖和非洲高原草原闻名于世，这里常年云雾笼罩，阴雨绵绵，冰川融水潺潺。鲁文佐里是东非大裂谷边缘很小的一部分，在这里，东非大裂谷成为乌干达和刚果民主共和国两个国家的分界线。大裂谷的西部分支继续向南延伸，穿过卢旺达、布隆迪和刚果民主共和国与坦桑尼亚西部边界，一直到达马拉维湖。东部非洲这一巨大区域被称为“大湖区”（Great Lakes Region），原因就是这片区域是非洲大陆最大的湖泊盆地，分布有著名的维多利亚湖、坦噶尼喀湖（Lake Tanganyika）和马拉维湖等。

目前，东非大裂谷北部被认为是独立的生态区，称为艾伯特裂谷区，紧挨着艾伯特湖。整个东非大裂谷底部湖泊密布，主要湖区包括乔治湖（George）、基武湖（Kiwu）和爱德华湖（Edward）。这个区域的气候特征是典型的热带湿热多雨型，环境特征与动植物类型随着海拔高度（600～3500米）的变化而发生变化。在较高海拔地区，大部分是由石楠、竹子和高山草原中的巨型千里光和巨型半边莲属植物组成的森林。在海拔4500～5000米之间是大型冰川。自然环境的变化造就了这个生态区更为丰富的生物多样性：约402种哺乳动物、1062种鸟类、400种鱼类和5800种不同的植物。

在小瀑布旁边生长的大片半边莲

但是最重要的是这里的本地物种也非常丰富：34种哺乳动物、41种鸟类、24种两栖动物、19种爬行动物（其中包括7种变色龙）和117种蝴蝶，这些生物在非洲的其他地区都不存在。每一座山峰或每一片森林带常常都有自己的独特物种，比如珍奇的水生食虫类水獭、小型的森林羚羊、鲁文佐里山红小羚羊和乳白色的鲁文佐里山太阳鸟等，而艾伯特猫头鹰和种类繁多的非洲苇蛙、小型多彩的非洲树蛙和金树蛙等则在艾伯特裂谷地区普遍存在。

这里最著名的综合生态自然保护区包括三个国家公园（北部、中部和南部）：乌干达的姆加辛加（Mgahinga）大猩猩国家公园、卢旺达的国家火山公园和刚果（金）境内的维龙加（Virunga）山国家公园。在极其湿热的环境下，公园里是到处覆盖着大量苔藓和地衣的热带雨林及竹林，其中竹林尤为著名，因为竹林里生活着山地大猩猩和东部低地大猩猩。低地大猩猩大约有350只，主要生活在察贝里姆（Tshiaberimu）山北侧，以及刚果国家公园的卡乎子（Kahuzi）和别加（Biega）山区。在卡里索科（Karisoke）的火山公园内，黛安·福西（Diane Fossey）博士研究山区大猩猩多年，一直为阻止猎杀大猩猩而进行斗争，直到她被暗杀。这个自然保护区也是最美丽的绿猴和金黄色皮毛的金丝猴的栖居地，这是它们最后的避难所，即使在竹林森林区域也很少见到它们。维龙加山国家公园一直延伸到爱德华湖西岸，这里因河马而闻名，然而不幸的是自2006年以来，河马数量消减了95%以上。在乌干达境内，湖岸密布纸草类植被，周围是草原。伊丽莎白女王国家公园保护了100种动物，其中包括大象、蕉鹃和双角犀鸟。该地区北部还有比较著名的大国家公园，如卡巴雷加（Kabalega）国家公园，占地约3840平方千米，在这里你可以欣赏到尼罗河流出基奥加（Kyoga）湖，流入艾伯特湖之前产生的瀑布。基巴莱（Kibale）国家公园位于鲁文佐里山东麓，占地795平方千米左右，是世界上灵长类动物栖居密度最大的地区，超过了13类，主要包括黑猩猩、长尾猴和红疣猴。

再往南，裂谷的谷底就是坐落在刚果（金）和

矗立在卢旺达国家火山公园里的萨巴伊尼尤死火山锥

南维龙加山国家公园南部的尼亚拉贡戈火山山顶白云缭绕。尼亚拉贡戈火山是维龙加火山链上的8个火山之一，维龙加山国家公园由刚果民主共和国(旧称扎伊尔)建立，主要用来保护该区域的大猩猩

近处是卢旺达火山公园中的维索凯死火山，远处是刚果（金）的维龙加山国家公园中的米凯诺山

尼亚拉贡戈火山和尼亚穆拉吉拉火山流出的熔岩流

坦桑尼亚边界的坦噶尼喀湖，坦噶尼喀湖呈细长形空间分布，南北长673千米，东西宽度达50千米，最大深度约1479米。坦噶尼喀湖简直就是一座内陆海，然而由于缺少充足的水源更新，200米水深下的水体内缺少氧气，因而没有生物生存。而在湖表面和海岸带地区至少有300种棘鳍类热带淡水鱼（98%的鱼类是该湖区的本地物种）和150种其他鱼类生存。这些鱼类至少是两种类型非洲水獭的食物。在坦桑尼亚，坦噶尼喀湖岸地区降雨明显小于刚果（金）海岸地区，植被是典型的非洲草原类型：金合欢属、小灌木属、五枝苏木属和吊灯树属。从20世纪70年代开始，灵长类动物学家简·古德尔（Jane Goodall）在贡贝河自然保护区（Gombe Stream Game Reserve）对大猩猩的社会结构和交流机制进行了大量研究，发现大猩猩学会了与该生境中其他灵长类物种比如红疣猴和安哥拉疣猴进行合作捕猎。该保护区也是狒狒、各种类型的长尾猴和典型的东非草原动物群（如水牛、疣猪、非洲狮、非洲野狗和土狼）的生存家园。

维龙加山国家公园里壮观的熔岩流，这里仍然有活动强烈的活火山

雨中安静沉思的银背大猩猩显得尤其雄壮，雄性银背大猩猩是一群雌性大猩猩的统治者，幼仔和未成年的猩猩都依赖它的膂力和经验而生存

在卢旺达火山公园里，一个规模较小的山地大猩猩家族谨慎地在半边莲林下行动，现存600只山地大猩猩中有300只生活在这个国家公园内

黑猩猩利用藤蔓在森林里穿梭，这种黑猩猩既能够生活在地面，也能在高达25米的树冠层生活

图中这个品种的黑猩猩与人类非常相似（98.8%的基因相同），它们丰富的面部表情也用来表达思想和交流情感

珍贵的金丝猴生活在卢旺达的维龙加山国家公园、火山公园和尼温圭国家公园的竹林里

东非大裂谷从维多利亚湖北侧形成东西两个分支：西支裂谷带进入乌干达(艾伯特吉地)，最后到达马拉维与莫桑比克边界，在此结束并形成尼亚萨湖；东支裂谷带延伸至肯尼亚，继而到达坦桑尼亚中部，形成马尼亚拉湖和埃亚西湖

清澈的坦噶尼喀湖（世界第二深湖）里生活着450种鱼类，其中很多都是斑水獭的食物。湖里还有非洲无爪水獭、龟和巨蜥等

坦噶尼喀湖东岸的坦桑尼亚马哈莱国家公园，地表植被特征是东非大草原与山地森林交替出现，森林里生活着东部黑猩猩

10

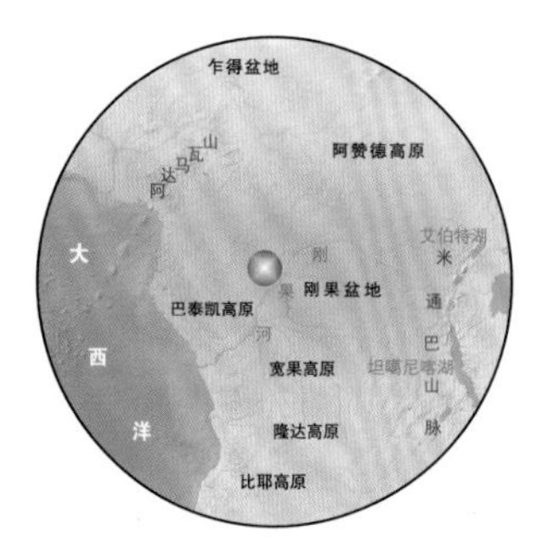

刚果共和国—加蓬—刚果民主共和国—几内亚—塞拉利昂—
利比里亚—科特迪瓦—加纳—多哥—贝宁—尼日利亚—喀麦隆

The Rainforests
非洲的热带雨林

中部非洲跨赤道线的区域，尤其是非洲中西部区域的气候令人窒息又处处险象环生，其平均气温为27℃（25℃～30℃），全年每一天乃至每时每刻气温都近乎保持恒定，年降雨量超过2000毫米，湿度常常在80%～100%之间。这种高温多雨、潮湿的赤道气候形成了非洲最大的热带雨林区域和最丰富的生态系统。区内生物极具多样性，拥有几万种动物和17 000种植物。同时，以多种人类文化特质为标志的种族差异十分显著，其中包括了姆布蒂俾格米人（Mbuti pygmies）、巴卡俾格米人（Baka pygmies）、班图人（Bantus）、刚果人和恩巴恩迪人（Ngbandis）。然而，不幸的是，这种以大量常绿树木为主要特征的区域同样是世界上物种灭绝最严重的区域，砍伐、放火毁林用于开荒、建猎场和采矿等行为，加之国际木材贸易的利益驱使，使这片区域每年都有大面积的树林遭到破坏。

据不完全统计，中部非洲森林占地约198万平方千米，西非沿海国家从塞拉利昂到尼日利亚的森林面积约166 000平方千米。要知道，在1880年，这些国家的森林覆盖面积达42万平方千米。根据联合国粮农组织的数据，非洲每年有0.8%的森林遭到破坏，

森林环境具有不同层状结构，从下至上依次是：枯朽的落叶、低灌木和低树木、高大树木树干，直至由整个树林上方30～40米处密集树叶组成的树冠，而高大的乔木则又耸立于这些树冠之上，它们相互疏远，高达60米

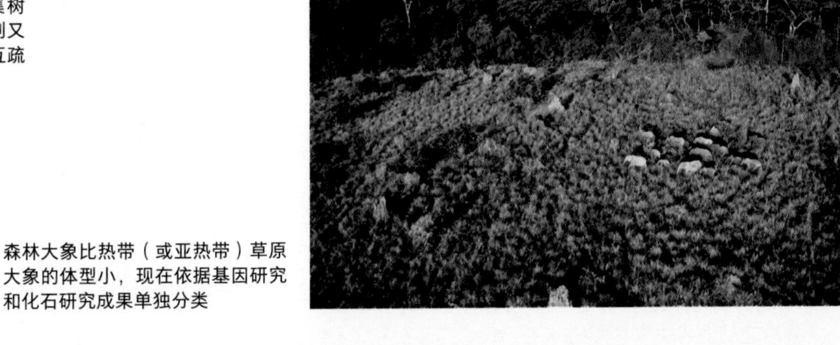

森林大象比热带（或亚热带）草原大象的体型小，现在依据基因研究和化石研究成果单独分类

刚果河流域面积约370万平方千米，流量达250 800立方米/分钟左右，均次于亚马孙河，居世界第二

在刚果盆地，很多森林以流经它们的河流命名，如伊图里森林。这些河流通常是人类较易进出密林的唯一通道

“幸运的”是，与1990年之前每年2.1%的破坏速率相比，0.8%这个速率正趋于稳定。因此很显然，要紧的是非洲政府和许多国际自然保护区组织通过制订保护和可持续发展计划或立项，建立国家公园和保护区，使得森林免遭破坏，尤其是加强对原始森林环境的保护。

这些森林在极其贫瘠或者多石土壤环境里生长，有机质层只有10～15厘米，这也是它们的树根长在表面和靠吸收自身营养物质（每公顷树枝、果实、叶子和动物残留物产生25～30吨营养物质）生长的原因。营养物质的迅速分解主要依靠热量、湿度和无数细菌、蚂蚁、白蚁以及其他数量众多的昆虫。但蛋白质的吸收还要依靠共生于树根的真菌。

森林群落具有不同的层次结构：地面废弃的落叶、灌木和低树木、较高树木、高度达到30～40米的由密集树叶形成的树冠。树冠是较大的森林鹰类理想的筑巢地，这里的猴子、小羚羊、树蹄兔、松鼠和蛇都是森林鹰主要的食物来源。真正耸立于树冠之上的是高大的乔木，它们孤立的塔形树冠超过60米高，每个冠层间稀疏分布，间隔超过9米。

由于缺乏深根组织，这些高大树木的根呈散射状分布，像一个宽大的底座用来支撑强壮的树干的生长，有些树木根部的分布直径约5米。奥克榄、西非榄仁树、绿柄桑、木伊洛可木、红铁木、桃花心木和非洲山榄等都是一些珍稀的树木，目前这些珍贵树木正在不断被砍伐用来满足国际市场的不断需求。

在中部非洲，鲜为人知和极其神秘的刚果河盆地几乎占有整个地区，刚果河长达4700千米左右，是尼罗河之后的非洲第二长河，流域面积约达370万平方千米，其水量和流域面积仅次于亚马孙河。刚果河发源于加丹加（Katanga），流经米通巴（Mitumba）山脉，流经赞比亚和刚果民主共和国接壤的河段叫卢阿拉巴（Lualaba）河。刚果河在最初形成过程中，向北流到基桑加尼（Kisangani），从此取名刚果河，并在此形成一个令人震撼的大瀑布——斯坦利大瀑布（现名博约马瀑布——译者注），最后缓缓流入刚果平原。在刚果平原，它首先折曲向西流，此时它的最重要的支流——乌班吉

（Oubangi）河汇入，并在此折向南流，成为刚果（布）和刚果民主共和国的天然界河，最后汇入大西洋。

在河道形成的过程中，刚果河沿途所经的都是难以穿越的森林，它接纳了大量的支流（所以当地称之为“吞并其他河之河”）并且形成广大的沼泽地。它的河床宽度可达5000米，就像天然的屏障，长年累月地把森林至少分割成三大区域，在不同的区域，无论是植物还是动物物种都各不相同。比如，刚果河成了大型类人猿的分布边界：大猩猩和黑猩猩只生存在河的东、北、西部，而不在南部，但是俾格米黑猩猩或称倭黑猩猩只生活在南部。

在刚果河东北部，森林伴随着刚果河延伸到东非大裂谷的西边，其中一些森林以穿越它们的刚果河支流命名，如阿鲁维米（Aruwimi）的伊图里（Ituri）和韦莱（Uele）。部分伊图里森林建立了霍加狓（Okapi）野生动物自然保护区，这里还有约13 762平方千米的联合国世界自然遗产，主要的保护对象是霍加狓，这是一种类似原始非洲长颈鹿的动物的直系后代，曾被认为是最后被发现的大型哺乳动物。这种大型食草动物深藏在原始森林中生活，直到1901年才被发现。

一只小象正在穿越曼比利河，它是刚果河流域的北部支流之一，流经密集茂盛的森林

霍加狓是长颈鹿的近亲，甚至是比长颈鹿还要古老的物种。霍加狓生活在伊图里森林，这里建立了霍加狓野生动物保护区和俄浦路伊图里保护区。它们曾被认为是最后被发现的大型哺乳动物，这种大型食草动物生活在原始森林深处，直到1901年才被发现

1936年又偶然发现一个新的物种，这就是刚果孔雀，它是小型鸟类。在伊图里森林里，主要树木是大瓣苏木，混生有喃喃果属和热非豆，它们的枝叶丛中生活着13种灵长类动物，其中一些动物是本地种属，比如猴子的两个种（丹氏长尾猴和枭面长尾猴）。只生活在这片森林里的小型食肉动物有三种：水生麝猫、大麝猫和亚历山大猫鼬，它们属于珍奇稀有动物，且行踪飘忽不定，科学界对它们也知之甚少。

刚果盆地北部和西部的森林继续延伸，与加蓬和喀麦隆南部大西洋海岸几内亚湾的森林相连，这些森林是山魈、西非大狒狒、鬼狒狒以及低地大猩猩的家园。低地大猩猩与山地大猩猩的主要区别在于前者皮毛较短、背部毛色较浅，而头部披着红毛发。刚果民主共和国的努阿巴莱-恩多基（Nouabale-Ndoki）地区的奥扎拉-库夸（Odzala-Koukoua）生物圈保护区、加蓬的洛佩（Lopé）和伊文多（Ivindo）国家公园及喀麦隆的德贾（Dja）动物保护区都是地球上最后的风景优美之地，丛林中有丰富的大竹芋叶子。这些保护区是小型非洲森林象的家园，与之生活在一起的动物还有大猩猩、非洲野猪、矮野牛、紫羚羊和泽羚。这些动物们有时可以共享一小块由大象在挖掘地面寻找矿物盐时不经意留下的空地。

1970年，刚果民主共和国建立了非洲最大的森林保护区萨隆加（Salonga）国家公园，占地约36 000平方千米，包括整个国家南部经常遭遇河流泛滥而形成的湿地。在更多的湿地区域，植物群落有沼泽非洲栋和木棉，这些大型的树木组成的森林庇护了一些动物，如小羚羊、邦戈羚羊、泽羚及赤道非洲独有的小鹿科动物。保护区内动物物种非常丰富，包括53种哺乳动物和超过100种鸟类，如鹦鹉、角犀鸟和多颜色蕉鹃。在很多灵长类动物中，有极其珍贵的倭黑猩猩或侏儒黑猩猩及本地特有的萨隆加长尾猴、德赖斯长尾猴。在猫亚科中，除豹外还有非洲金猫生活于此。此外，还有三种以蚂蚁和白蚁为生的鳞甲动物。

从尼日利亚到塞拉利昂的几内亚湾沿岸各国森林中，生物多样性也很丰富，每公顷森林里有多达

观察低地大猩猩的最佳地点是名为“巴伊”（Bai）的地方：没有大树，到处水网密布，杂草丛生。当然这个地方还有猩猩、水牛、邦戈羚羊和泽羚

大猩猩生完宝宝后会非常警觉，绝不允许其他猩猩靠近，即使是自己的家族成员也不例外。低地大猩猩与山地大猩猩的主要区别在于前者皮毛较短及头部上披着红毛发

200～250种植物。然而这里的森林同刚果热带雨林稍有不同，比如，在很多森林里，至少三分之一的树木每年在短暂的旱季都会落叶。但更多的是漫长潮湿的雨季，年降雨量可达2500毫米。西非最长的河流尼日尔河长约4180千米，从尼日利亚汇入几内亚湾，形成宽宽的红树林三角洲。这里环境优美，同很多西部非洲沿岸国家一样，三角洲是陆地和海洋的界限。这些很独特的森林是倭河马和海牛最后的家园，海牛性格温驯，生活在浅海及河口，以河流中的植物为食。

黑猩猩会攀爬在红树林的根上来捕食小水生动物，这种景象可以在加蓬与刚果共和国接壤的孔夸提国家公园的潟湖看到

一个年轻的低地大猩猩利用结实的藤蔓在刚果河流域的雨林里攀爬腾越

倭黑猩猩或侏儒黑猩猩仅仅生活在刚果河的南部，它们的行为和交流比普通黑猩猩要进步和准确

大象用它们的长牙掘土，不停地搜寻高盐分的土壤，正是森林象造就了“巴伊”这样的地方。森林生长在高低不平的岩石土壤里，那里营养土层只有10～15厘米厚，树根很浅，靠吸收自身营养物质生长，特定的气候条件使这些物质快速分解

坐落在恩科米和恩多戈沿岸潟湖之间的卢安戈是加蓬最常被造访的国家公园，成群结队的水牛、大象、花豹和大猩猩常走出森林，在白色的沙滩上闲逛

著名的卢安戈河马在海浪中洗澡

11

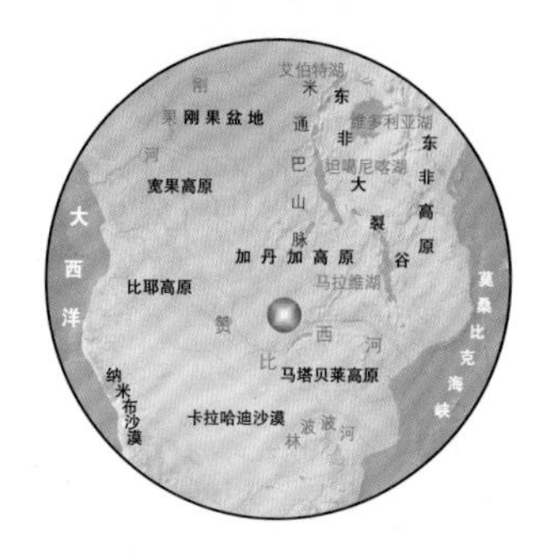

安哥拉—赞比亚—津巴布韦—莫桑比克—马拉维—坦桑尼亚—刚果民主共和国

The Miombo Savannas and the Zambesi River
米翁博萨瓦纳（林地大草原）和赞比西河

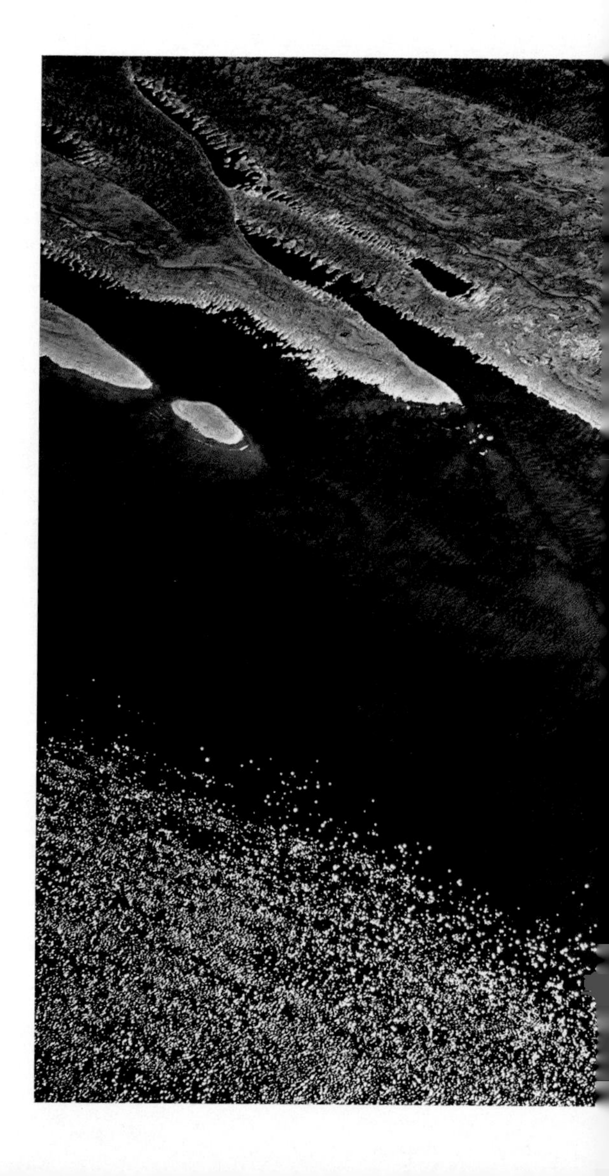

在广袤的刚果雨林和众多东非大裂谷型湖泊以南，从非洲的大西洋海岸一直延伸到印度洋海岸，是一个狭长的海拔低于1000米的低海拔平原带。从安哥拉到莫桑比克，非洲大陆在这个地区没有高耸的山峰，就连安哥拉西部的小群山也没有超过2600米，在这个带状平原里也没有出现其他明显的地貌特征。但也有些许的例外，那就是大裂谷型湖泊最南端的尼亚萨（Niassa）地区以及波澜壮阔的赞比西河流域。在赤道地区，整年几乎都是湿热气候，但在更靠南的广袤平坦的地区，气候发生了很大的实质性的变化，降雨逐步减少，且集中在潮湿的季节里，每年10～11月开始，翌年3～4月结束。在这五六个月中，平均降雨量为1300毫米，但在不同的区域变化可能很大，从600～700毫米到1500～1600毫米。5～8月之间，气候干燥且逐渐凉爽，白天气温不超过28℃，但是晚上很冷。10～11月，雨季再次来临，温度逐渐升高到33℃～37℃。在赤道以南，季节相反。

这种气候环境不适合森林生长，取而代之的是

卡里巴水库由截取自赞比亚河（非洲第四长河）的河水形成，蕴有强大的水电资源

赞比亚的卢安瓜河的牛轭型河床的壮观景象出现在同名山里。南、北卢安瓜国家公园属最漂亮的非洲公园之列

不可逾越的热带草原，或者是森林和更开阔的热带草原复合区，主要植物组成以短盖豆属为主，混有伊氏豆属。这些地区广阔，地被层覆盖茂密，但比森林稀疏，其地表植被为米翁博（Miombo）植物群落，米翁博在当地语言中意思是指短盖豆属植物。米翁博植物群落属于豆科植物（更像金合欢树）和苏木亚科，其高度达10～15米，除常绿的杉叶蕨外，所有的物种在每年4月和8月间落叶，新发芽的叶子呈红棕色，并在随后的两三个月里变绿。林地热带草原地区的人口密度为每平方千米80～250人，人口密度低的原因有两个：首先是土地质量差，因为这里的土地都是人为砍伐天然森林、掘出树根后形成的土地；其次是以恐怖著称的刺舌蝇的威胁，刺舌蝇是昏睡病或嗜睡症的传播者，同时也是锥虫病毒的携带者，大型野生哺乳动物充当了锥体虫的宿主，这种由原生动物携带的可怕疾病经野生物种传播到家畜，再传播到人类。

林地热带草原与热带草原的共同特点是都生活有大型猫科动物，如狮子。但林地热带草原的树林较多，因此非常喜欢这种林地环境的豹则在此最为常见。同样喜欢这种环境的还有斑点鬣狗和非洲野狗，在这里生活的非洲野狗已经是这个物种最后的种群了。这些肉食动物的食谱里所列的主要是羚类食草动物，比如牛羚、体型较大的捻角羚、红色大羚羊和黑斑羚，甚至林地热带草原典型的转角牛羚。在广袤的平原区域生活的动物有大象、黑白条纹斑马的南部种属、白犀牛和黑犀牛、安哥拉长颈鹿和麝猫（又称林地热带草原安哥拉麝猫）。

乔木林是很多鸟类（大约500种）的栖息地，很多织巢鸟编织的瓶状鸟巢吊在树枝上，最具代表性的鸟类是小型的鲁氏织鸟、黑脸梅花雀和长冠盔伯劳鸟。而在开阔潮湿区域具有代表性的鸟类是肉垂鹤和灰丹顶鹤。

在安哥拉西部，林地热带草原西部主要是各种短盖豆属植物，并且混生有大型苏木。卢安多（Luando）保护区保护着约8280平方千米的这种特征的植被，这里是曾经被认为最漂亮的非洲羚羊——南非黑大羚羊最后的栖居地。雄性南非黑大羚羊具有非常细的黑毛、厚厚直立的鬃毛和向后拱起长达1.65

成年狮子很难在树枝间攀爬，只有在林地大草原才可以看见这种情形

黄草原狒狒是所有非洲狒狒中最小的

倒挂在年幼的鳄鱼的上下颚之间，红苇蛙可是在冒生死之险

卢安瓜河的河马群密度是非洲最大的，每平方千米约有50头

米的扼角。不幸的是，偷猎活动和1975—2002年的安哥拉内战使这种羚羊种群急剧缩减。事实上，已经有多年没有任何有关南非黑大羚羊的报道，现在普遍的看法是这种羚羊已经在此地绝迹。但幸运的是，仍有一小群南非黑大羚羊在坎干达拉（Cangandala）地区出现，几年前，安哥拉政府特地为此建立了坎干达拉国家公园。

林地热带草原中部和南部生态区明显不同于西部区域，主要的区别是中部和南部区是宽阔的草地草原，是赞比西河及其支流形成的冲积平原，又称中非的小块涝原草地。占地约22 400平方千米的赞比亚卡富埃（Kafue）河国家公园是以赞比西河流过的支流命名的，公园生活着超过55种哺乳动物，其中包括许多羚类、猫科动物、麝猫和獴，另外还有461种鸟类。在布桑加（Busanga）冲积平原生活着一些典型的水羚类，其中包括瓦互氏水羚、常规或较大体型的苇羚和专有品种卡富埃驴羚。南卢安瓜（Luangwa）和卢安瓜国家公园在赞比亚境内占地约14 000平方千米，在莫桑比克的尼亚萨（Niassa）国家公园占地约15 000平方千米，坦桑尼亚的塞卢斯（Selous）保护区占地约44 000平方千米。这些国家公园包括了长条状的东部林地热带草原，公园里最具代表性的羚类动物是利氏麋羚，主要植被类型是交替分布的米欧波乔木与非洲黑檀和吊灯树——吊灯树的果实形状像大香肠。在零零散散的小花岗岩山岗上生长着一种本地特有植物——非洲长叶苏铁，这是棕榈树的一个古老的近亲。这些岩石区是山羚、灰色小岩羚和沙氏岩羚的家园，还有奇特的蹄兔和黄斑岩蹄兔，这些啮齿动物体型相似，却是大象的近亲。

除了大象，白犀牛是陆地上最大的动物，成年雄性白犀牛高可达1.85米，体重可达3600千克

赞比西河发源于刚果河发源地的高原南面，向南流到莫桑比克的印度洋沿岸，全长约2574千米。1851年，戴维·利文斯通（David Livingstone）溯源而上，发现了赞比西河的源头，在他乘舟顺流而下返回的过程中，发现了世界上最大的瀑布，也是世界上最美丽壮观的自然奇景之一。这位探险者为了取悦当时在位的英国维多利亚女王，将其命名为“维多利亚瀑布”，后来一直沿用这个称谓。但是赞比西河流域的国家则称之为“莫西奥图尼亚”（Mosi-oa-Tunya），意为“雷鸣的烟雾”——因为赞比西河水在这里宽度达1500米，落差达130米，且从玄武岩高原冲进狭窄的裂缝的过程中产生了巨大的浪花水汽和咆哮的声音。每当雨后河流水量达到高峰时，有超过百万的游客前来参观。在整个赞比西河流域，从维多利亚瀑布开始，赞比西河从北到南流经赞比亚和津巴布韦的大部分保护区和国家公园。

1851年，戴维·利文斯通发现了世界上最大的瀑布，他想把这个发现献给自己国家的女王，因此称之为“维多利亚瀑布”。但是早就知道这个大瀑布的赞比西河流域国家则称之为“莫西奥图尼亚”，意为“雷鸣的烟雾”。宽达1000米的赞比西河在此处缩至130米，因此这里响起了震耳欲聋的咆哮声

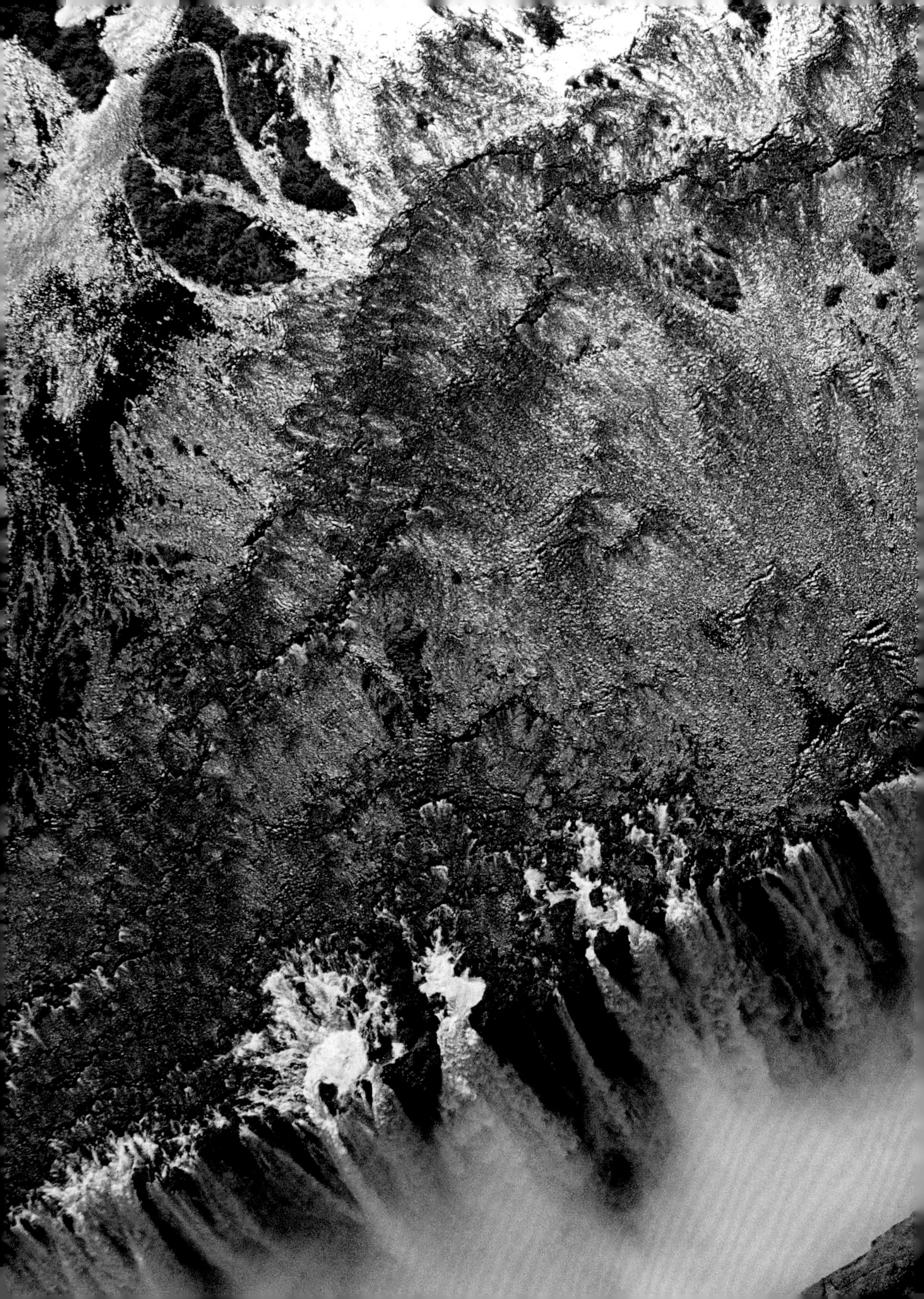

在每年11月至次年4月的雨季里，赞比西河水流湍急，水量增加，在此期间的维多利亚瀑布最为震撼壮观，吸引了数以百万的游人前来参观游览

12

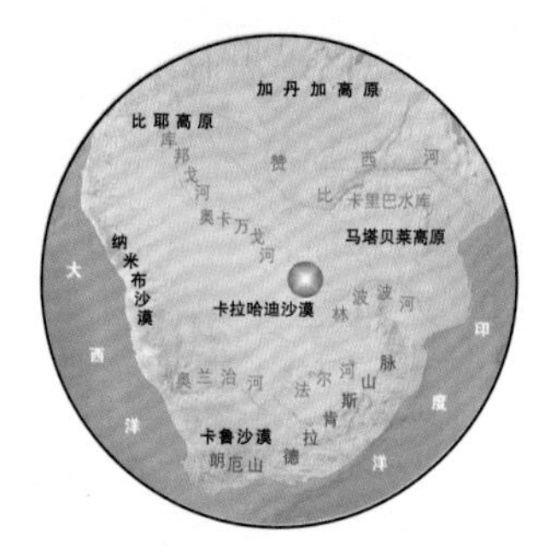

博茨瓦纳—纳米比亚

The Okavango Delta Region
奥卡万戈河三角洲

库邦戈河（Cubango River）发源于安哥拉中西部寒冷低矮的山区，向南穿越林地大草原的西部，流过卡普里维（Caprivi）。卡普里维是纳米比亚东北部的一条东西向狭长地带，像楔子一样插入安哥拉、纳米比亚和博茨瓦纳之间。库邦戈河在这里另名奥卡万戈河，并流入奥卡万戈河三角洲。奥卡万戈河把水带到了干旱地区，因而，奥卡万戈河三角洲地区的植被不再是林地大草原稀疏的短盖豆属植被，取而代之的是罗得西亚柚木，混生有金合欢斑纹树、赞比西古柯树和扁担杆属植物，植被逐渐向炎热的南方干旱地区扩展，致使干旱灌木丛林地区生长出能抵御卡拉哈里沙漠典型干旱环境的白紫檀树。奥卡万戈河进入博茨瓦纳之后，经过一个相当平缓的高原，海拔约1000米，微微向东南倾斜，海拔高度渐变为930米，因此，地形具有轻微的倾斜趋势，每450千米的水平距离内海拔高度仅下降60米。随后河水流速逐渐减慢，河道逐渐变宽，之后河水到达沙质不稳定的半沙漠地区，河道被拓宽成手掌状三角洲，“手指”逐渐转变为数以千计的小溪流，在几乎再也移动不了的盆地里形成沼泽，奥卡万戈河三角洲也就这样出现了。

奥卡万戈河是世界上唯一长度超过1600千米的

在奥卡万戈河三角洲平坦的岛屿上，生长着白紫檀树、大型的榕树、野生的海枣和棕榈树

奥卡万戈河三角洲的宽度根据降雨量的大小或扩展或收缩，在干旱季节，面积约4000～5000平方千米；在洪涝季节，面积达到16 000平方千米，这时会有很多的小岛出现在水面之上，主岛分布在三角洲中部，为数不多的条带状陆地分布在主岛的北面

内流河，也就是说奥卡万戈河没有投身大海，而是流入了风吹日晒的沙漠地区。流入三角洲的河水几乎没有受到农业或工业活动的污染，因此其河水出奇的纯净。奥卡万戈河三角洲的宽度根据降雨量的大小或扩展或收缩，在干旱季节，规模约为4000～5000平方千米，在洪涝季节，规模达到16 000平方千米。3月和4月份，来自安哥拉境内的雨水注入河流，在6月份，三角洲一天甚至可以向前推进3000米，从而导致洪水泛滥，河水肆意横流在河道、潟湖和沼泽区。这时会有很多的小岛出现在水面之上，主岛分布在三角洲中部，为数不多的带状陆地分布在主岛的北面，这里就是莫雷米（Moremi）国家保护区。7月份，洪水开始减弱，部分河流并入博泰蒂（Boteti）河道，向东南流动约200千米进入马卡迪卡迪盐沼（Makgadikgadi Pan）国家公园的生态保护区。另外部分河流聚集汇入南部的阿加米（Agami）小湖盆中，而剩余90%的水量会渗透到干旱的土壤中，在以后几个月内逐渐蒸发掉。从11月到次年3月，三角洲的面积萎缩到最小规模。

降雨使三角洲地区水位上升，刺激了大量的水生植物的繁殖，致使浓荫匝地、湖泊纵横、水道迂曲

营养充足和潮湿的生态环境下的奥卡万戈河三角洲滋养了约3万只河马，它们在这里过着悠然自得的生活

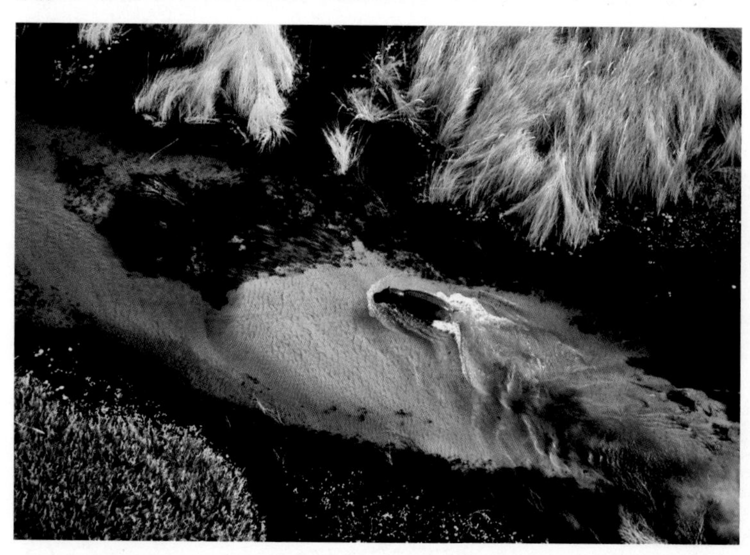

奥卡万戈河在到达三角洲之前，流速降低，流向改变，形成了岔流密布的河道

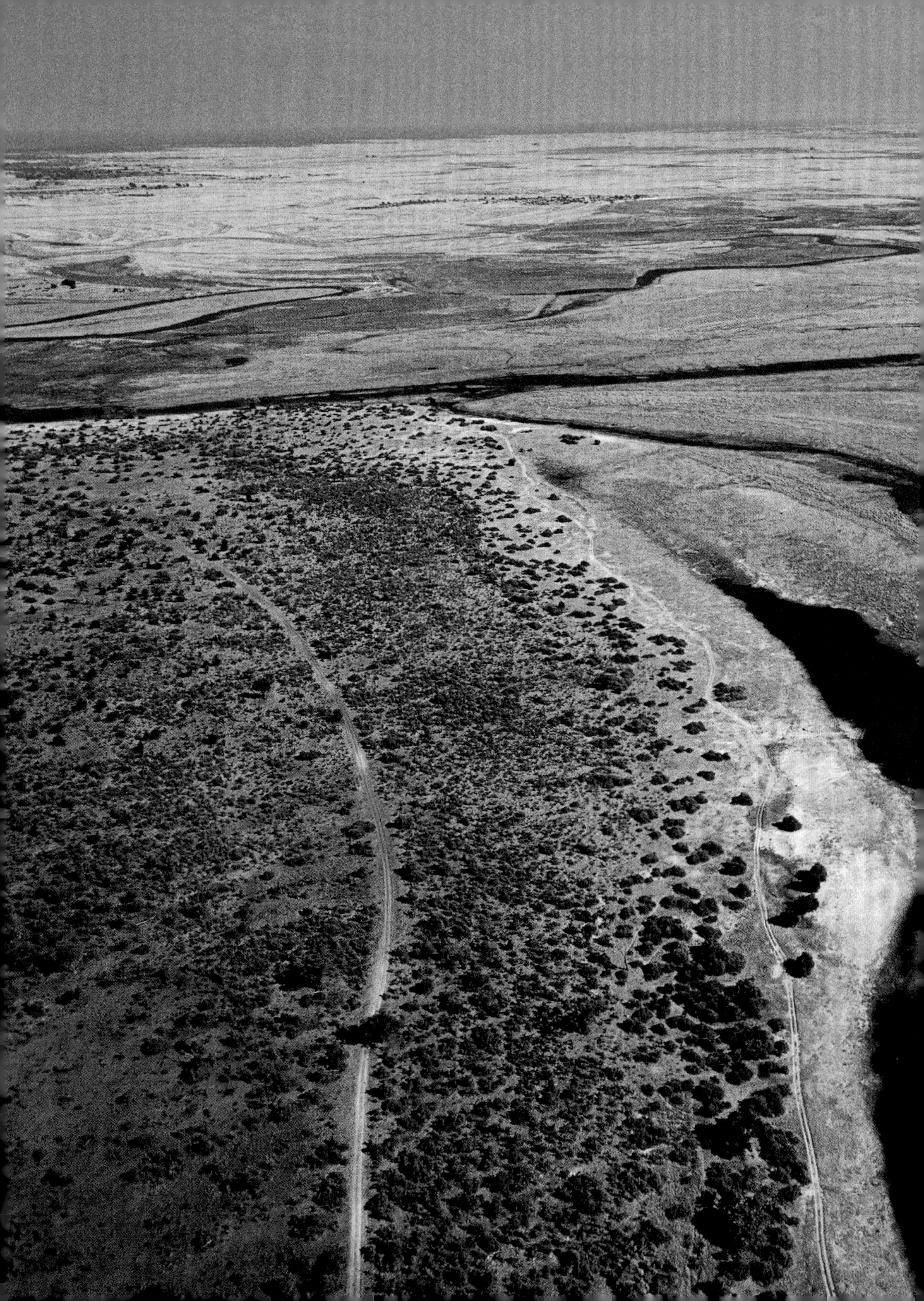

每年6月份的第一次洪水过后，放眼望去，奥卡万戈地区岛屿林立、湖泊纵横、水道迂曲、河汊密布；而夏末（8～9月），由于土壤吸收和陆地蒸发，洪水开始逐渐消退；从11月到次年3月是三角洲面积最小的时候

斑马群和长颈鹿群奔跑着穿过涝原草地。奥卡万戈河三角洲地区共栖居着165种哺乳动物、550种鸟类、195种爬行动物和两栖动物，在无脊椎动物种类中，有记录的蜻蜓多达84种

奥卡万戈河三角洲全年景色迷人。1965年宣布成立的莫雷米保护区面积达4871平方千米，游客可乘坐莫科洛独木舟（吃水较浅、靠长杆推进的平底独木舟）饱览湖区风景：到处是美丽舒展的睡莲，非洲侏儒鹅惬意地游弋在睡莲之间；沼泽里的纸莎草和芦苇在碧波中摇曳，而泽羚则在芦苇当中时隐时现，用长蹼蹄不停地跳出舞步以防陷入淤泥。洪水淹没后的碧绿草地上的植被主要有野稻、泽草、稗草和假稻。这些水草丰美之地是红驴羚的主要栖居地，红驴羚长着细长的角，数量庞大，过着群居生活。在平坦的小岛上生长着一小片一小片的树林，主要是白紫檀树和其他树木，比如大枫树和马卡拉尼海枣。马卡拉尼海枣能结出坚硬的乳白色种子，因此获得“植物象牙”的美称，被当地有经验的艺术家雕刻成小饰品和点缀品。奥卡万戈河三角洲地区共栖居着165种哺乳动物、550种鸟类、195种爬行动物和两栖动物。在无脊椎动物中，共有84种蜻蜓。长颈鹿、犀牛、非洲狮、豹、野狗、土狼和各种类型的羚羊都跑到干旱陆地上以求生存，而象、水牛和河马（约3万只）则选择了湿地。三角洲的水里大约生活着80种鱼类，其中包括超过1米长的巨大虎鱼、一种体型很大的鲇鱼和许多种丁字鱼，所有丁字鱼都是水中无数条鳄鱼的美餐。与三角洲的东北边缘接壤的是建立于1967年的乔贝（Chobe）国家公园，占地面积约10 566平方千米，以乔贝河为界与三角洲分开。乔贝国家公园里生活着约12万头闻名世界的大象。1990年，这里大象的数量只有几千头，之后大象的数量一直在增加。这种大型的厚皮类动物每年都要在乔贝河和利尼扬蒂（Linyanti）众多河流之间迁徙200千米。旱季它们一般聚集在河道中，在雨季则分散开。在洪涝季节，三角洲上的一部分水流入平原，通常形成盐沼，也就是含高浓度盐分的盘状洼地。在博茨瓦纳，马卡迪卡迪和恩达伊两个盐沼国家公园是最著名的两个盐沼自然保护区。在旱季，这些平坦的半沙漠地区覆盖着皲裂的泥壳和盐壳，还有一些小小的残留水坑；到了12月份，降雨会在几天内使洼地汇集成几十厘米深的水塘，此时钙盐和钠盐会溶解在土壤层中，在超过44℃高温下，较强的蒸发使水池的盐度较高，引来

成千上万的粉红色火烈鸟和小型火烈鸟到此齐聚觅食和繁殖。雨后，草原到处绿草茵茵，猴面包树、金合欢树和白紫檀树重新发芽，吸引着众多动物，其中包括喀拉哈里沙漠瞪羚或大羚羊、侧纹胡狼、大鸨、成群的斑马、鸵鸟以及马卡迪卡迪盐沼生态区独有的大型蜥蜴，即飞龙科蜥蜴。

庞大的尼罗鳄狰狞的嘴巴里露出锋利的牙齿

一头年轻的河马把头探出水面，滑稽而好奇，较之它们天生易怒的脾气，这画面倒是难得一见

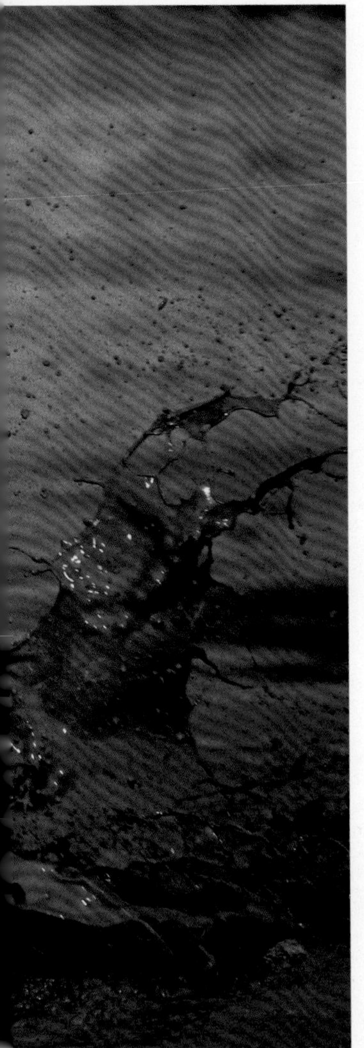

一头年轻的大象在泥水中玩耍。大象、水牛、河马、泽羚和其他水羚喜欢潮湿的环境，在整个洪泛期间，它们分散在整个奥卡万戈河三角洲地区，但是当水位下降时，它们开始围绕着残存的水塘聚集

一头老南非水牛刚刚进行了每日必需的泥浴

奥卡万戈河三角洲的狮群生活在洪水不易淹到的比较高的地方，但狮子们并不是惧怕水，它们每天都要饮水，如有必要，它们也会毫不犹豫地跳入水中追杀驴羚、斑马和水牛等猎物

落日的余晖映照着一对长颈鹿、一棵合欢树和一丛猴面包树。在博茨瓦纳冬季干旱月份里，夜晚的奥卡万戈河三角洲温度会降到0℃

与奥卡万戈河三角洲的东北边缘接壤的是建立于1967年的乔贝国家公园，占地面积约10 566平方千米，以乔贝河为界与三角洲分开。乔贝国家公园里生活着约12万头大象，享誉世界。这种体型庞大的厚皮类动物每年都要在乔贝河和利尼扬蒂的众多河流之间迁徙200千米。旱季它们一般聚集在河道中，而雨季则分散开

13

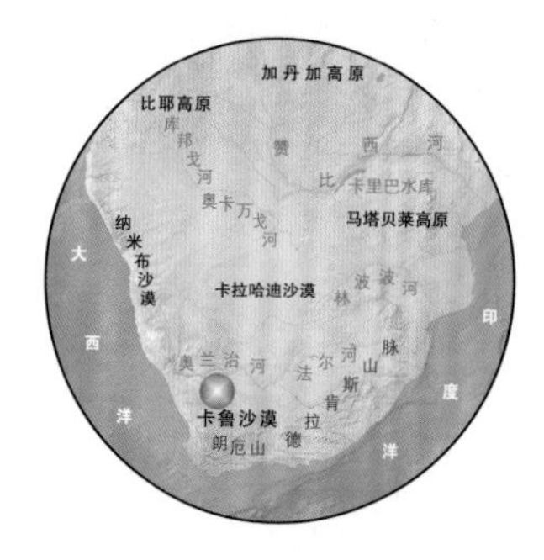

安哥拉—纳米比亚—博茨瓦纳—南非共和国

The Southern Deserts: Kalahari,Namib and Karoo

南部诸沙漠：卡拉哈里沙漠、纳米布沙漠和卡鲁沙漠

几亿年前，一个巨大的盐湖几乎全部覆盖了今天的博茨瓦纳以及所有与其接壤国家的部分地区，其中包括安哥拉、纳米比亚和南非共和国。这个巨大的盆地就叫卡拉哈里（Kalahari，现在正式的名称是卡拉哈迪沙漠，见地图——译者注），面积约250万平方千米，是大陆漂移、渐渐分离等一系列复杂地质作用的结果。曾经的大盐湖就是今日的卡拉哈里沙漠，其成因是由于盆地缺水以及干燥气候引起的天气变化所致。今天的非洲南部覆盖着典型的半沙漠生境植被，因此被称为“卡拉哈里半干旱生态区”。卡拉哈里这个名字源于“Kgalagadi”一词，在茨瓦纳语中是“很渴”的意思。

在卡拉哈里沙漠外围分布着一些低地，其中或多或少点缀着称为盐沼的大小湖泊，通常是季节性湖，湖水呈强碱性。在博茨瓦纳，卡拉哈里东部是马卡迪卡迪和恩达伊（Nxai）两个盐沼；而西部在纳米比亚境内则是最大的埃托沙（Etosha）盐沼。埃托沙盆地占埃托沙国家公园约22 270平方千米面积的

黑尾角马群和庞大的小跳羚群在卡拉哈迪-卡拉哈里跨境公园里最为常见

落日的余晖映衬出三只南非大长角羚清晰的轮廓，大长角羚是卡拉哈里最有特征的羚羊

两只有着浓厚的黑色鬃毛的雄狮在卡拉哈迪-卡拉哈里跨境国家公园的池塘边喝水

在纳米比亚的埃托沙，干燥炽热的阳光下年轻的雄斑马们聚集在咸水池塘旁玩耍打斗。生活在非洲南部的一般都是浅色斑马，黑白斑纹图案稀疏，间有黄棕色或灰黄色条带。埃托沙的斑马主要是平原斑马。南非的布车氏斑马的四肢和臀部没有斑纹

25%，是纳米比亚的第一个公园，建于1907年。这里气候比较干燥，年平均降雨量为400毫米，且主要集中于南方的夏季，1～4月份降水丰富，但是降雨量却有很大的年际变化，比如1946年年降雨量只有90毫米，而在1950年则达到900毫米。盆地周围是成片的干燥大地，其上生长有不同的金合欢树种和蒺藜科植物。为了避免保护区里的动物群到处游荡，通过人工凿井使原有的季节性水源变为永久性的水源地，这一办法行之有效，因此现在旅行探险者可以时不时地在这儿看见大象、角马、捻角羚、跳羚、黑犀牛、长颈鹿和大型猫科动物。在埃托沙还生活着长角羚羊（又称南非大羚羊）、达马兰犬羚，这两种羚羊的近亲如今生活在干旱的非洲之角，它们也曾生活在非洲的中部地区，只是后来刚果热带雨林以及湿润的非洲林地大草原的扩展将它们的活动区域分开了，一部分保留下来继续生活在非洲的东北部地区，而另外一部分则在非洲的西南地区定居下来，即使是少见的棕鬣狗种群也和它们的近亲条纹鬣狗分开了，如今条纹鬣狗依然生活在非洲北部的干旱地区。

卡拉哈里中心区域位于卡拉哈迪跨界（Kgalagadi Transfrontier）国家公园，这个公园由南非的卡拉哈里羚羊公园（建于1931年）和博茨瓦纳

在繁殖期，雄性鸵鸟变得极具地域防卫性，赶走同类中的雄性鸵鸟，而同时在其领地内留下2～5只雌鸵鸟

埃托沙盐沼吸引了众多哺乳动物以及鸟类，食肉动物埋伏在周围袭击它们的猎物：身手敏捷的胡狼试图在笑鸽群中捕获一只

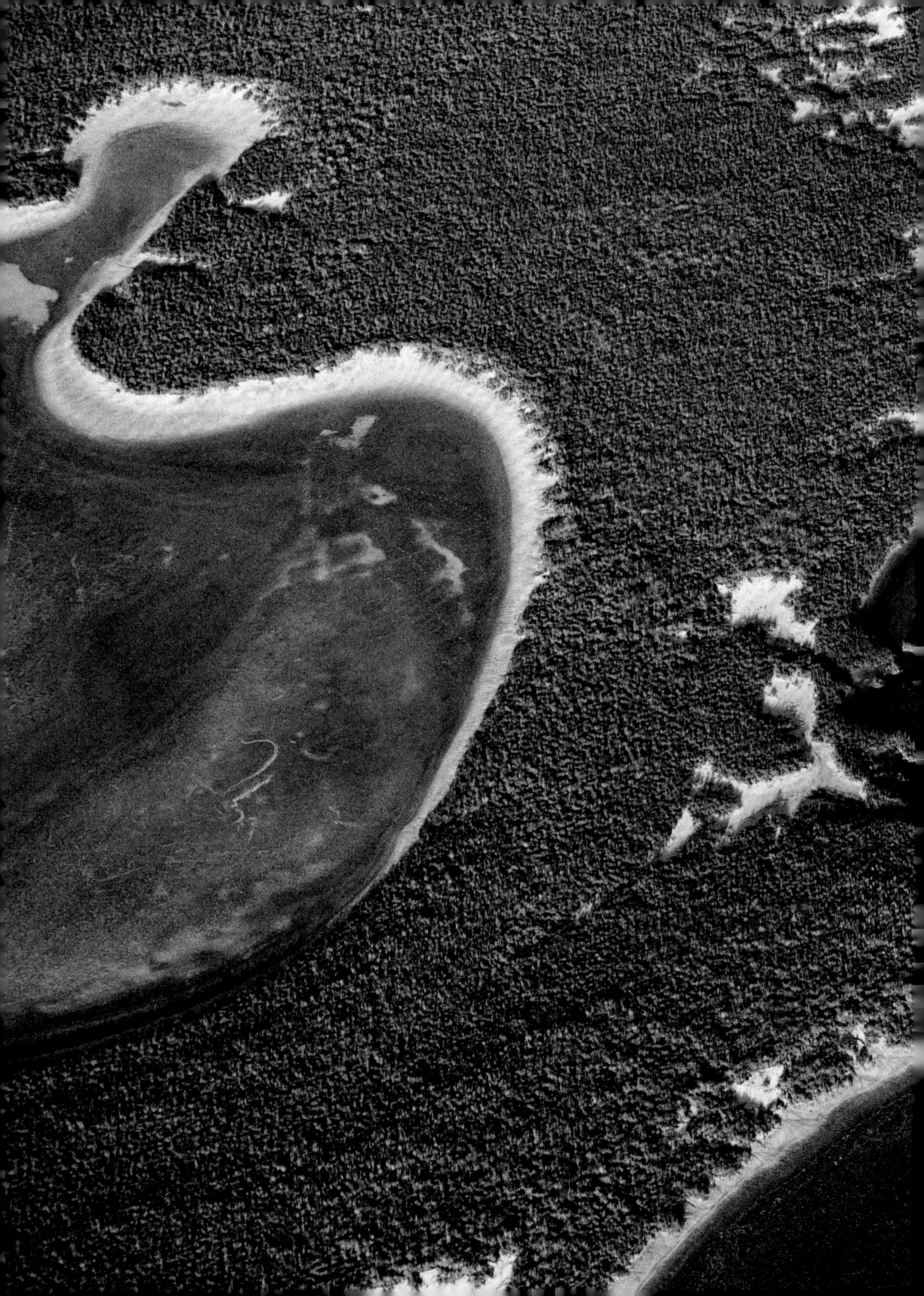

盐沼为一些低地，其中或多或少点缀着大大小小的湖泊，通常是季节性湖，湖水呈强碱性。在博茨瓦纳，卡拉哈里东部是马卡迪卡迪和恩达伊两个盐沼，而西部在纳米比亚境内则是最大的埃托沙盐沼

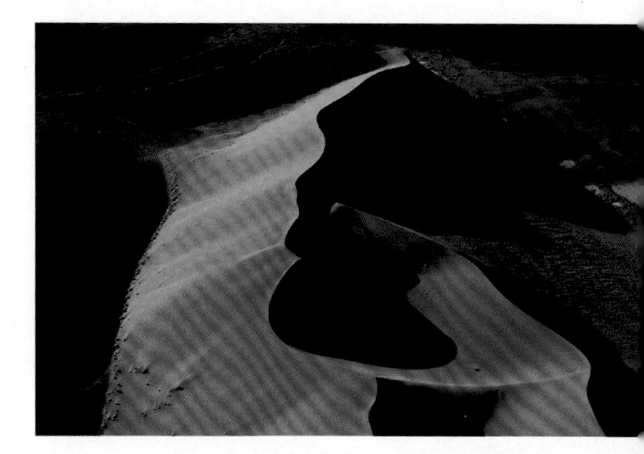

纳米布-纳乌克卢夫特国家公园面积约49 768平方千米，护佑着这个海岸沙漠的南部，延展180千米，但是仅深入内陆几十千米

纳米布-纳乌克卢夫特国家公园的索苏斯盐沼地区是较高的红色沙丘和内有一些季节性池塘的小盆地的连续交替

的国家羚羊公园合并而成，这两个公园都以羚羊命名，因为羚羊是这个沙漠区域最大和最漂亮的动物。如今的卡拉哈迪跨界国家公园面积达38 000平方千米，其中博茨瓦纳境内有28 400平方千米，南非境内有9600平方千米。

这个古老的沙漠还以平行的红色沙丘而闻名，是半干旱区域，年平均降雨量250毫米，而沙漠的西南部分是真正的沙漠，降雨更为稀少。这里夏季的温度为20～40℃；而冬季气候更为干燥无雨，温差较大，夜间最低温度低于0℃。

尽管条件恶劣，这里依然生活着大量的动物，有些还是这个生态系统所特有的。生活在这里的动物，要么有非常耐渴的本领，要么有能力寻找替代水源，如带汁的水果（香瓜和野黄瓜）。除了典型动物羚羊之外，这里还有很多猫鼬、獴和黄猫鼬。这些猫鼬或獴都是社会性群居动物，20～40个个体组成一个群体，在复杂的地下洞穴里寻求保护，这些洞穴是地松鼠挖掘并抛弃不用的。卡拉哈里另外比较典型的物种是小型以及中型的食肉动物，如形状像小个头的鬣狗但以昆虫的幼虫为食的土狼；再就是两类猫科动物，即大山猫、黑足猫；还有常见的狐狸和卡拉哈里特有的灵长类东非狒狒（或称豚尾狒狒）。2万年以来，靠游牧、狩猎、采食野生食物为生的原住民桑人就生活在这片沙漠里，他们从文化以及生理上已经适应了这种荒芜并严重缺水的环境。

在纳米比亚以及安哥拉南部，大西洋沿岸是长达1300千米、宽度小于160千米的沙漠带。这里，寒冷的本格拉（Banguela）洋流触及大西洋海岸，并且冷却来自于海洋的空气，使得云难以形成，造成大西洋沿岸的年平均降雨量小于5毫米，而内陆也不超过85毫米；相反，这里早晨的大雾则会弥漫至内陆50千米处，给植物和动物带来了水汽，这与卡拉哈里很相似。在纳米比亚北部生长着一种典型的地域专有植物百岁兰，这是一种高度不足1米的植物，一生只长两片叶。纳米布-纳乌克卢夫特（Namib-Naukluft）国家公园面积约49 768平方千米，保护着这个海岸沙漠的南部宽达180千米的区域，这里栖息着8万～10万只软毛海豹。

在纳米比亚北部海岸卡奥科费尔德（Kaokoveld）区域，是残骸海岸国家公园（Skeleton Coast Game Park），面积约16 400平方千米，该国家公园一直延伸到安哥拉境内，称为木萨米迪什（Mocamedes）自然保护区和伊奥纳（Iona）国家公园，面积分别为4450平方千米和15 150平方千米。之所以用“残骸”命名公园，是因为有上千艘被遗弃的失事船只的残骸被海浪冲到岸边。

这些国家公园和保护区里到处是漂亮的红色沙丘，沙丘与海岸平行，逐渐向内陆半干旱沙漠延伸并最终变成半荒漠，这里是哈特曼氏（Hartmanns）山斑马生活的唯一的生态系统。

沿着南非共和国东海岸能够发现不同类型的半荒漠区域，海滨的含沙土壤和含岩地域被称为“肉质植物干燥台地”（succulent karoo），内陆则叫“纳马干燥台地”（nama karoo）。纳马夸阿（Namaqua）、里希特斯费尔德（Richtersveld）和卡鲁（Karoo）国家公园保护着这块以肉质植物为主要特征的生境地域，主要包括松叶菊属、番杏科植物，如不同种类生石花属、多种芦荟以及棒槌树。所有这些植物都在叶薄壁组织上或茎秆上积累水分，看起来像肿胀一样，有着较强的自适应性。直至1880年，在这些区域还生长着在其他地方已经灭绝的一种被称为“非洲野斑驴”的斑马，这种斑马仅在头和颈上有黑色的斑纹，而身体上则有浅黄棕色或灰黄色条带。

在索苏斯盐沼，年降雨量非常少，海岸带仅有5毫米，而内陆也仅为85毫米。一些低矮的先驱植物如蝴蝶亚仙人掌类植物和大戟属植物生长在低洼和背阴的地方

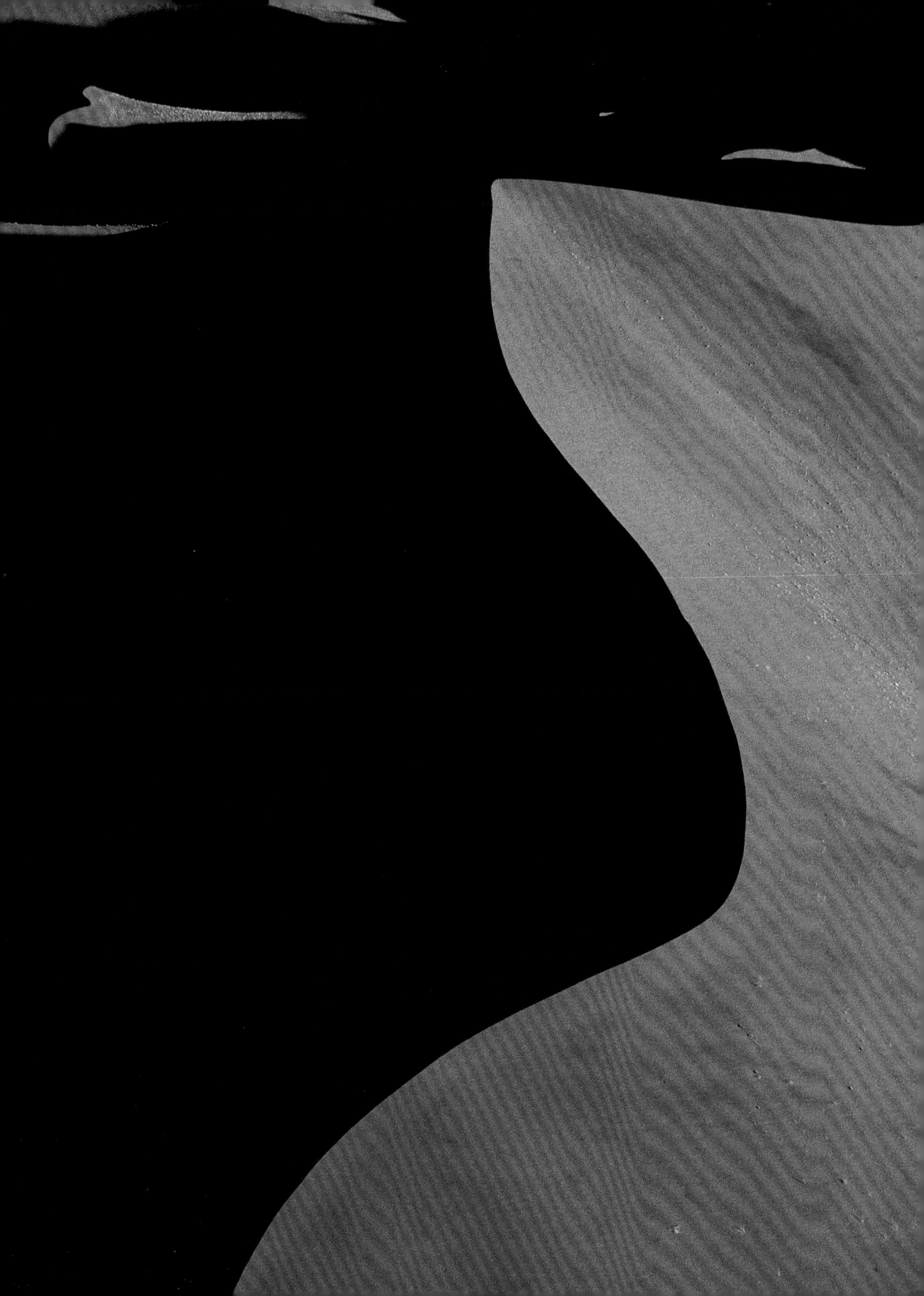

大西洋方向吹来的风塑造出一系列平行沙丘，沙丘的高度可达200～300米，在纳乌克卢夫特山麓，生活着哈特曼氏山斑马

在纳米比亚北部海岸卡奥科费尔德，是残骸海岸国家公园，之所以用“残骸”命名公园，是因为上千艘被遗弃的失事船只的残骸被海浪冲到岸边

62号路又名花园大道，穿过南非共和国的南部，这里可以看到小卡鲁的半沙漠区的全景，其特殊气候条件下的植被因为肉质植物的多样性而被称为鲜美多汁的卡鲁

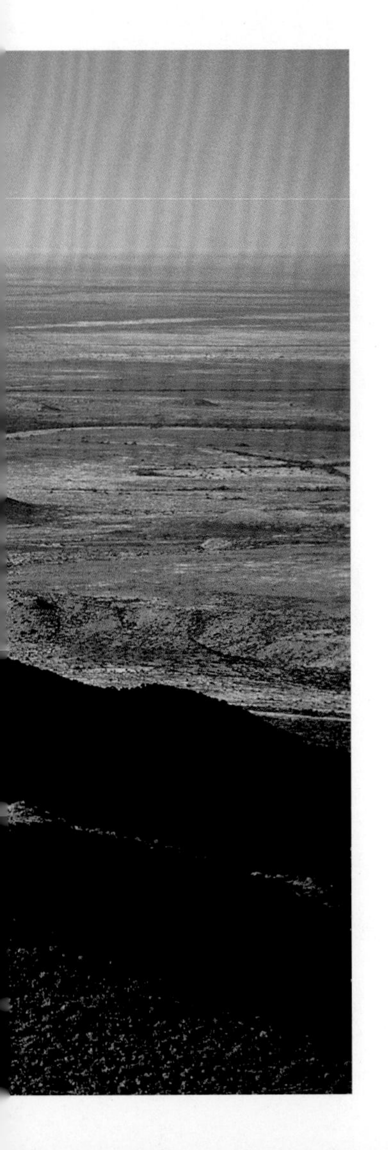

体型较大的拐角林羚要在非常潮湿的季节，穿过没有水源的台地高原，因为拐角林羚每天必须至少饮一次水

14

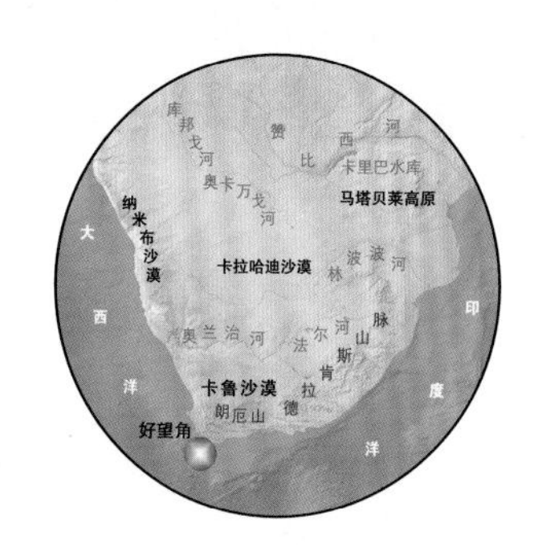

古老的德拉肯斯山山脉，距好望角地区壮观的峡谷和峭壁1000千米

南非共和国—莱索托—斯威士兰

The Parks of South Africa 南非的国家公园

南非共和国位于非洲大陆的南部，其国土内还包围了两个面积很小的独立国家：莱索托（旧名巴苏陀兰）（Basutoland）和斯威士兰。与肯尼亚和坦桑尼亚一样，如今的南非共和国是非洲国家中拥有完善的保护区体系的国家之一，保护区的构成包括国家公园、自然保护区，分为国有和私有保护区，所有这些保护区都配备有现代化的生活设施，是先进的生态研究中心。荷兰殖民者曾对南非动物进行了灭绝性的猎杀，除了一些食草动物外，更是彻底灭绝了西非狮。今天的南非已经把保护动植物当作一项根本的任务。在夸祖鲁-纳塔尔（Kwazulu Natal）省的乌姆福洛济-赫卢赫卢韦（Umfolozi-Hluhluwe）国家公园，白犀牛的一个南方亚种在得到了保护后，从20世纪70年代仅存的少数几头，至今已达到了几千头。

南非的自然环境差异很大，缘于其广阔的疆域和陆地极为古老的地质构造。南非的西海岸濒临大西洋，而东海岸面对印度洋。在厄加勒斯角（Cape Agulhas）国家公园，每年的8～11月份都可以看到露脊鲸和驼背鲸的出没。位于非洲大陆最南端的厄加勒斯角，是大西洋和印度洋的地理分界线，有意思的是这里常被错误地当作好望角，实际上，好望角位于距

莱索托位于德拉肯斯山的北部，它的主要特点是高原上有起伏的牧场

南非姆普马兰加区域的布莱德河大峡谷有南非最雄伟壮丽的景观

背依德拉肯斯山脉北段的姆普马兰加地区，以拥有漫长的山坡、山沟、峡谷与大量的瀑布等壮丽景观闻名于世。布莱德河穿越古老的山脉，成为象河最重要的支流之一。象河则贯穿于克鲁格公园内

此以北150千米的开普敦近郊。大西洋冰冷的海水、印度洋温暖的海水、主峰高达3400米的德拉肯斯山（Drakensberg）、中部的山脉和高原以及卡拉哈里低地，所有这一切使得南非的气候条件相当复杂，其表现是不同的局部微气候既有温暖潮湿之处，又有寒冷干旱之地，也有适中温和的区域，由此造就了丰富多彩的物种生境。毗邻好望角的地区还单独构成了世界六大特征植物群落之一——“好望角省植物王国”。

整个好望角省植物王国具有丰富的生物多样性，主要包括两大生态系统，分别是好望角省的地带性植被凡波斯（Fynbos）和高纬度地区的勒诺斯特费尔德（Renosterveld）植物群落，总共包括了8 700种物种，其中80%是该地区独有的。好望角地区基本上属于地中海式气候，这里的植被即便是不同的种类，也和地中海灌木丛类似，一般是高度不超过1～2米的灌木混生在一起，其中典型的勒诺斯特费尔德植物是紫菀科植物，又称为佛甲草或犀牛草，该植物在颇具代表性的山斑马国家公园中（该公园的环境很具有代表性）分布非常广泛。山斑马国家公园处于高原的边界，周围是古老的德拉肯斯山山脉，东距好望角地区壮观的峡谷和峭壁1000千米。

这里居住着世界上最后的山斑马，同时还有南非特有的羚羊种属，如灰色的短角羚、山苇羚，它们都是敏捷的反刍动物，同山羚一样生活在岩石间，行为和欧洲的高山岩羚羊相似。和这些山斑马一同吃草的还有水牛、大羚羊和黑色白尾角马，其中黑色白尾角马已处于绝种的边缘，它们的存活得益于这些专门饲养野生物种的公园和巨大的农场。1880年，这个地方还曾经生活着成群的蓝马羚，但是早期的荷兰殖民者认为羚羊对饲养家牛的牧场危害大，就彻底灭绝了这些羚羊。由于环境独特，该公园中还生活着一些只在夜间活动的动物，比如好望角篷灰貂獴和史氏红岩兔，人们很少看到这些夜行的家伙们，所以对其也不太熟知。许多种类的秃鹫和猛禽把窝搭在岩石的高处，而有“南非天堂鸟”之称的蓝蓑羽鹤在潮湿的低地以捕捉小动物为食。

厄加勒斯角的正东方是南非白纹牛羚国家公

园，该公园植被是典型的好望角省的地带性植被凡波斯，草和灌木丛的植被类型属于和芦苇相似的帚灯草科，另有986种与雏菊相似的菊科和山龙眼科植物，这些植物会开出美丽而巨大的粉红色以及黄色的花，而这些花是吸花蜜的蜜鸟的食物。蜜鸟长着细而弯曲的嘴以及非常长的尾巴。白纹牛羚国家公园是南非白纹牛羚最后的栖息地，白纹牛羚有两个截然不同的亚种，一种是数量稀少的南非白纹牛羚，公园的名字就取自其名；另一个亚种是南非白面大牛羚，这个亚种在气候温和的中、西部高原上非常常见，如在金门（Golden Gate）国家公园。乔木在凡波斯生态系统中比较稀少，只有在锡达（Cedarberg）山国家公园才能发现真正的乔木林，主要是当地特有的高山柏木属植物。

南非大西洋海岸有桌山国家公园和西海岸国家公园，在这里可以真正理解南非自然环境富于变化的一面。在这两个公园都能发现筑巢企鹅的踪影，要知道，企鹅可是南极的代表性鸟类啊。

桌山公园延伸到首都开普敦以及好望角半岛的周边区域。在桌山公园，可以从古老的悬崖上鸟瞰美丽的海景，参观卵石海滩区域的企鹅保护区和海鸟保护区，如好望角塘鹅、四种鸬鹚、信天翁以及其他很多鸟类。在海角植被区域生活着个头较小的羚羊，如最具特色的灰色小羚羊，另外还有难得一见的食肉动物，如麝猫，而好望角蹄兔以及狒狒则生活在岩石丛中。

克鲁格（Kruger）国家公园与上述这些海岸带国家公园的区别非常大，不仅风景迥异，保护区的动植物种类也不同。克鲁格国家公园位于南非共和国的东北端，是南非乃至全世界最大和最有名的公园之一，面积约2万平方千米，从北到南绵延350千米，东西54千米。公园每年接待数以百万计的游客。气候上，每年有截然不同的两个季节：4～9月属于干燥的冬季，而10月至次年3月属于多雨的夏季。象河（Olifants River）以北的地区，植被主要是白紫檀树，南部则是金合欢树。这里的动物种群很大，约有1500只狮子、12 000头大象、2500头水牛，1000只豹以及5000头黑犀牛和白犀牛。

金门国家公园位于南非高原西部的温暖热带草原上

由塞达山古老的岩石自然形成的沃尔夫山拱门坐落在开普地区的西部

塞达山原生态区的软泥炭沼

好望角地区有南部非洲三类最为常见的自然植物生境，分别是好望角省的地带性植被凡波斯、高纬度地区的勒诺斯特费尔德植物群落和干燥台地高原肉质植物。9～12月，这些草和灌木丛展现出丰富多彩的美丽景象，各种颜色的花争奇斗艳，如松叶菊、石楠、紫菀等，都是一些极其漂亮的花

伯劳鸟在非洲随处可见，有很多亚种，在南非，它们生活在较干旱的地方（如干燥台地高原）和生长有很多芦荟的、百花争艳的陆地，善于潜伏捕捉昆虫和陆地上的一些小动物

一群大象正穿过克鲁格国家公园内的一条小河。克鲁格国家公园位于南非共和国的东北端，是南非乃至全世界最大和最有名的公园之一，面积约2万平方千米，公园每年接待数以百万计的游客

当幼年的白犀牛完全长大后，雌白犀牛会再次处于发情期，这时雄白犀牛会对它格外彬彬有礼。新的孕期要持续16个月，在这期间，幼小的犀牛和它的母亲待在一起，它将在雌白犀牛再次生育后被抛弃。雌犀牛一般每5年生育一次。克鲁格国家公园内大约有5000只白犀牛和黑犀牛

热带林地草原中稀疏的金合欢树林里的一个水塘吸引了众多大型哺乳动物。白天，狮和大象严格遵守休战协定，因为狮子绝对不敢袭击这些厚皮类庞然大物

两头幼狮在枯木上玩耍。南非原生的开普狮有着黑色鬃毛，今天开普狮已经完全灭绝了

长颈鹿至少有8个不同的种，不同种之间的差别在于皮毛的颜色、暗斑点的形状、角的数量（2～5只）。南非长颈鹿有暗茶色皮毛和褐色的暗斑点

一群黑斑羚在象河边饮水，象河是流经克鲁格国家公园最重要的水系。克鲁格国家公园内栖息着许多种类的羚羊（林羚、角马、捻角羚和南非大羚羊等），另外还有大约1500只狮子、12 000头大象、2500头水牛以及1000只豹

沿好望角区的西南海岸是巨大的塘鹅繁殖地

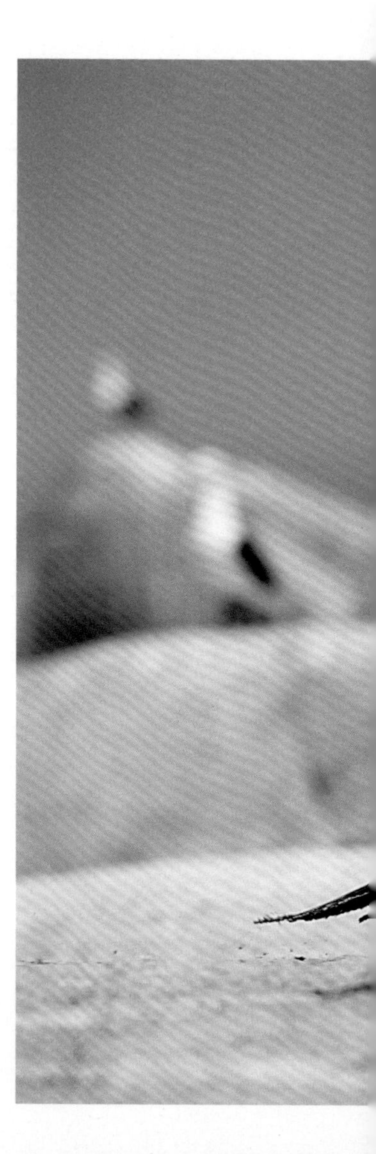

一只好望角塘鹅在覆盖着海鸟粪的岩石上展翅。海鸟粪曾被人们当作肥料开发利用

一对好望角企鹅在繁殖地的浪漫秀。如今这片企鹅繁殖地是“巨石海岸管制区”，距离开普敦很近

在厄加勒斯角以及海岸线附近，甚至十分靠近海滩的浅海区，都有可能看到很多种危险的鲨鱼，其中包括大量的大白鲨

南非的南部濒临大西洋，而东海岸面对印度洋。厄加勒斯角国家公园地处非洲大陆的最南端，大西洋和印度洋交汇于此。每年的8～11月份的温暖季节都可以在海岸上看到驼背鲸前来觅食

桌山国家公园位于南非首都之一的开普敦附近的好望角半岛。这个公园让游客有机会从古老的岩石峭壁上观看壮观的海景

15

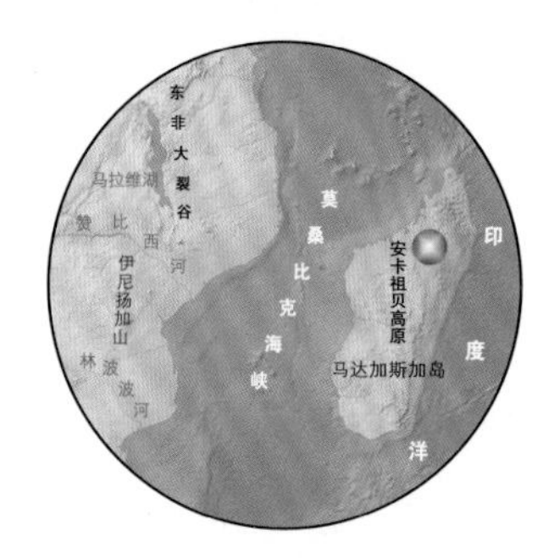

两只维氏冕狐猴在展示它们的白色毛皮

马达加斯加

The Island of Madagascar 马达加斯加岛

马达加斯加岛是世界上第四大岛，被印度洋环绕，隔着莫桑比克海峡与非洲大陆相望。马达加斯加岛面积约594 180平方千米，其东部山区为热带雨林湿润气候，西部低地为热干旱气候。1.6亿年以前，马达加斯加岛、非洲、南美、印度、澳大利亚和南极洲共同构成一个巨大的超级大陆，称为冈瓦纳大陆。冈瓦纳大陆发生分裂后，大陆板块漂移运动把它们推到现在的位置。在这个过程中，约1 200万年以前，马达加斯加岛开始从非洲大陆分离。现今发现的化石表明，那个时候这座小岛上生活着恐龙以及其他爬行类动物。马达加斯加岛的一些现存的爬行类动物，比如蟒蛇科以及与美洲蜥蜴类似的蜥蜴，都与南美洲的同类有相近的亲缘关系，现有的证据表明，今天这些距离非常远的岛屿当时与大陆是连接在一起的。

马达加斯加岛有很多种动物和植物，这些物种进化过程相对独立，因此80%～90%是本地独有的物种。这其中包括300种爬行动物类（包含53种变色龙）、140种蛙类、300种非常特别的蝴蝶类以及大量其他的无脊椎类动物。只有6个目的哺乳动物生活在马达加斯加岛，它们是食虫目（一些鼩鼱类）、臼齿目、肉食动物目（只有8～9类马达加斯加的麝猫

在绿野青葱的拉努马法纳国家公园，游客可以在含硫黄的天然泳池游泳

或者食蚁狸科）、无尾猬科（小动物，类似刺猬）、一些猪科（很有可能是人类活动带入的），最后是著名的原猴亚目，大约有60种只存在于马达加斯加岛的狐猴型下目。今天在马达加斯加岛上，哺乳动物的数量和种类不是很丰富，主要原因是现代哺乳动物的物种原形在非洲大陆开始演化的时候，马达加斯加岛就已经脱离非洲大陆成为一座孤岛，只有少数动物能够随机地随着漂流的树木或者其他漂流的植物等漂浮物到达马达加斯加岛。马达加斯加岛一个本地专有的动物群无尾猬类，是可以确定的从非洲起源的动物目，在6000万年之前从同一个大陆到达马达加斯加岛；而狐猴型下目的祖先——兔猴（只在亚欧大陆发现其化石），则在3800万～6500万年之前到达该岛。因此，其起源存在两种假设：非洲起源说和亚洲起源说。起源于亚洲的假设是因为在非洲未发现该类化石；在非洲起源说中，认为兔猴通过莫桑比克海峡到达马达加斯加岛，因为当时的莫桑比克海峡只有100～200千米，而现在这个距离为400千米。假设中兔猴利用洋流跨越很长的印度洋行程到达马达加斯加岛。

事实上，由于没有其他灵长类的竞争，兔猴类的兔狐猴数量激增，迅速占领了整个马达加斯加，种群的分化更是丰富多彩、五花八门：一些种类和老鼠一般大小（倭狐猴属），重量约30克，是世界上最小的灵长类，而另一种马达加斯加大狐猴则重约7千克。既有昼行性的狐猴，又有仅仅夜行性的；既有树栖的，又有陆栖的；既有长尾的，又有无尾的。

不幸的是，在1500～2000年前，人类也殖民到了马达加斯加。1000年之后，超过25种大型动物被彻底消灭，这其中包括16种狐猴（有一些和猩猩一般大小）、3种侏儒河马以及地球上此前最大的鸟类隆鸟。几个世纪以来，当地居民通过最原始的农业手段，主要是砍伐和烧毁森林来开垦马达加斯加岛西部区域肥沃的红壤，致使该岛的自然环境遭到破坏。

昂布尔山海拔1400米，分布着火山口，大量的水流形成小瀑布，从热带雨林的峭壁飞流而下

伊萨罗国家公园位于马达加斯加南方的中部与之同名的地区。古老的岩石被强烈风化

天然岩石形成的角斗场——“红色圆形马戏场”位于马任加的西北部地区

为了开垦农田，热带雨林被砍伐，结果大量降雨导致了严重的土壤侵蚀，在马任加国家公园内的昂卡拉芳齐卡国家公园附近就出现了严重的土壤侵蚀现象

典型的半干旱环境下生长的巨大的猴面包树和白蚁巢。马达加斯加有7种猴面包树

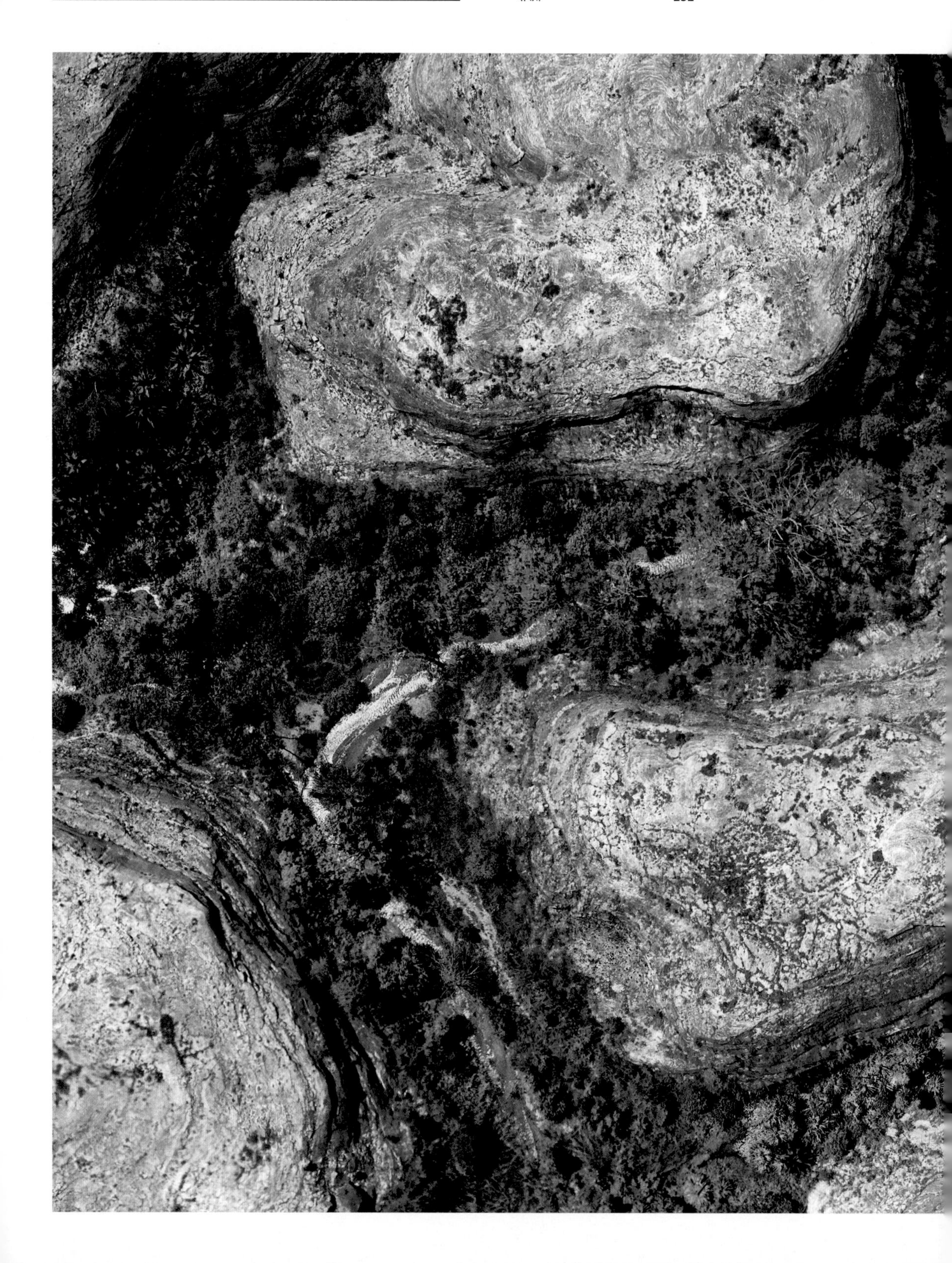

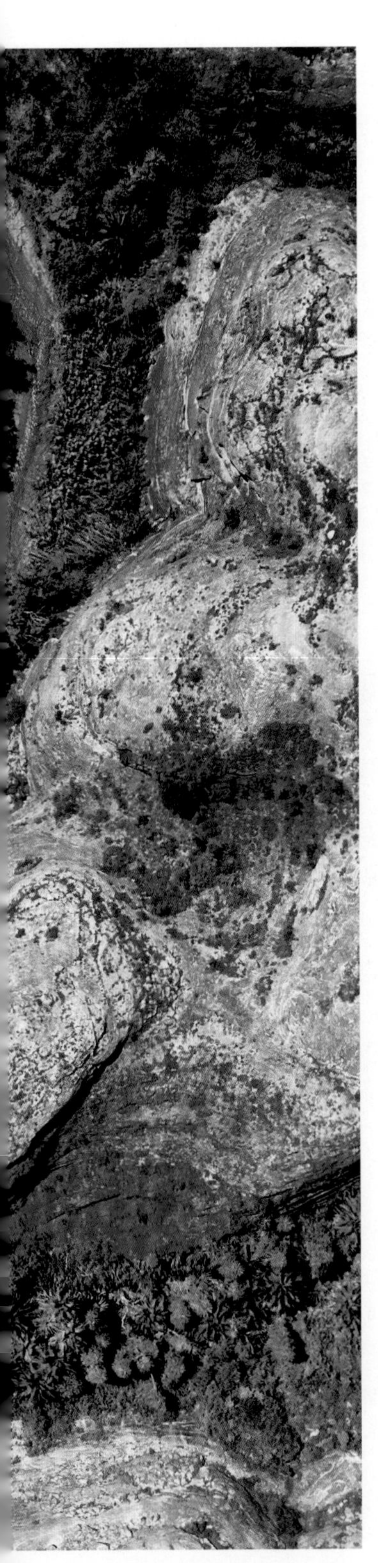

带状风化的岩石，几乎是不毛之地。只有在山谷中有水的地方才有植物生长

在马达加斯加东南方，南曼栋吉国家公园保护了一些雨林带，茂密的森林冠层使得肥沃的土壤免受冲刷流失

在马达加斯加岛，有4种主要的生态区域：沿中部高原延展的山地森林生态区、东部低地雨林生态区、东北部半干旱落叶森林生态区以及西南部生态区。其中西南部生态区格外干燥，主要生长着马达加斯加独有的多汁多刺的龙树科植物。

马达加斯加的特色植物是在干旱区域普遍生长的猴面包树的7个种。肉食植物马达加斯加猪笼草及著名的旅人蕉（注意：不是棕榈树，而是一种鹤望兰科植物）生长在森林和次生林中。在东南部山区热带雨林区的安德令吉特拉（Andringitra）国家公园，生物多样性非常明显，这里生活着13种狐猴、16种猬、11种啮齿类、106种鸟、34种爬行类和55种两栖类。

美丽的昂布尔山（Montagne d'Ambre）国家公园位于马达加斯加岛的最北端，是古老的火山锥，海拔约1500米。这里包含三个独特的生境：干旱型森林位于较低的区域；山地森林位于高海拔区域；而东面则多雨，因此分布着潮湿的雨林。这个森林有很多瀑布和小型湖泊，植物种类多达1020种，包括兰类、蕨类和藤类等。马达加斯加岛的东部沿海保护区有拉努马法纳（Ranomafana）国家公园、安达西贝-曼塔迪亚（Andasibe-Mantadia）国家公园和曼加贝岛（Nosy Mangabe）特别自然保护区。只有在这些保护区才生活有长相最奇怪和最稀有的狐猴——指猴，这是一种夜狐猴，长着黄色的大眼睛和像蝙蝠一样的耳朵。安达西贝-曼塔迪亚国家公园是马达加斯加岛上最大的灵长类——马达加斯加大狐猴的庇护所之一。

在贝岛（Nosy Be）和孔巴岛（Nosy Komba）上有很多保护区，岛周围是珊瑚礁和长长的白色沙滩，这些岛被叫作“香岛”，因为有很多用作香料的植物生长在岛上，如肉桂、香草（一种兰科植物）、野生生姜、可可和依兰树（提取作香水的固定剂）、小豆蔻、洋甘草和藏红花。

维氏冕狐猴趴在龙树干上，龙树又称“章鱼树”，其树干和树枝上长满刺和小叶片。与仙人掌一样，章鱼树适应了马达加斯加岛西南和南方严重干旱的环境

森林狐猴，像原狐猴一样，通过明确无误的大叫交流，尤其是宣布占领一片领地时

环尾狐猴是马达加斯加岛60种狐猴中最常见的一种，生活在干旱的南方树林里，一个领地中通常生活着8～10只雌狐猴和2～3只年轻的成年雄狐猴

两只雄性变色龙互相对视。在马达加斯加有53种变色龙，较小的变色龙属仅有2～3厘米长，而较大的属长达60厘米

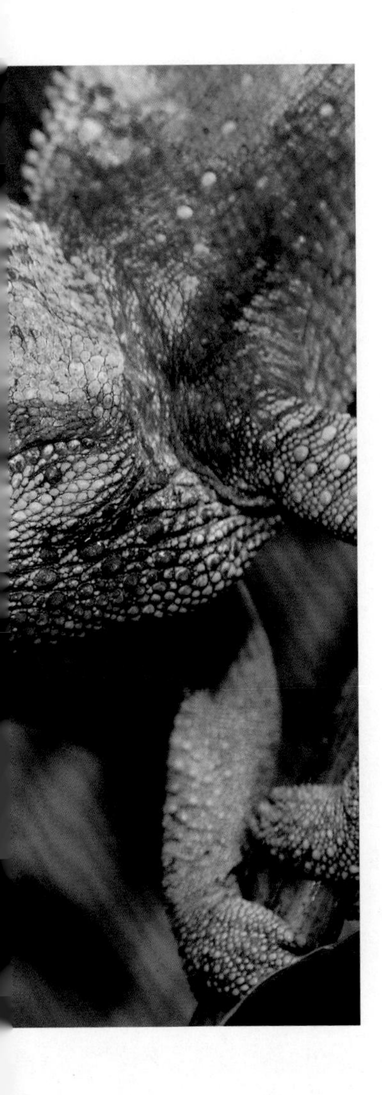

平尾壁虎属的夜行壁虎通过改变外形和颜色进行伪装，被发现于热带雨林中部。两只巨大的眼睛夸张地张开以便在夜间提高视力

贝玛拉哈国家公园大面积奇特的地貌：磬吉喀斯特地貌，像成片的塔尖，有的高达100米，如教堂的塔顶。由于强烈的降雨而产生如此壮观的喀斯特地貌，真是大自然鬼斧神工的神奇魔力

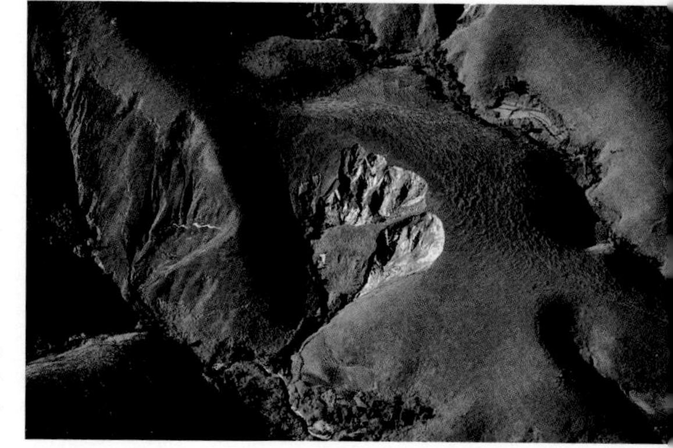

雨林被砍伐以后，尤其是山区的土壤会被雨水严重地冲刷流失、深深地切割，这种破坏是不可逆的，永远不能得到修复

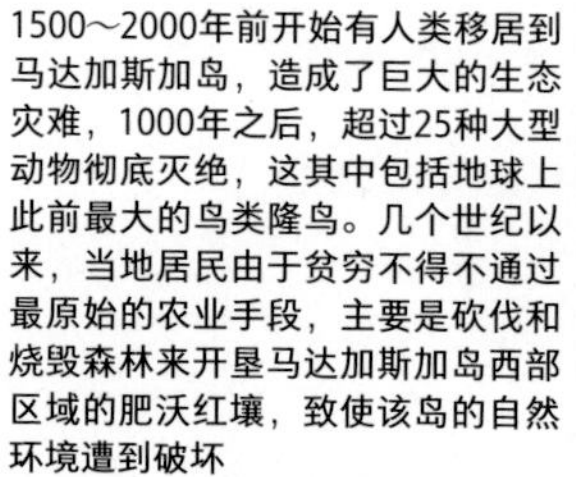

1500～2000年前开始有人类移居到马达加斯加岛，造成了巨大的生态灾难，1000年之后，超过25种大型动物彻底灭绝，这其中包括地球上此前最大的鸟类隆鸟。几个世纪以来，当地居民由于贫穷不得不通过最原始的农业手段，主要是砍伐和烧毁森林来开垦马达加斯加岛西部区域的肥沃红壤，致使该岛的自然环境遭到破坏

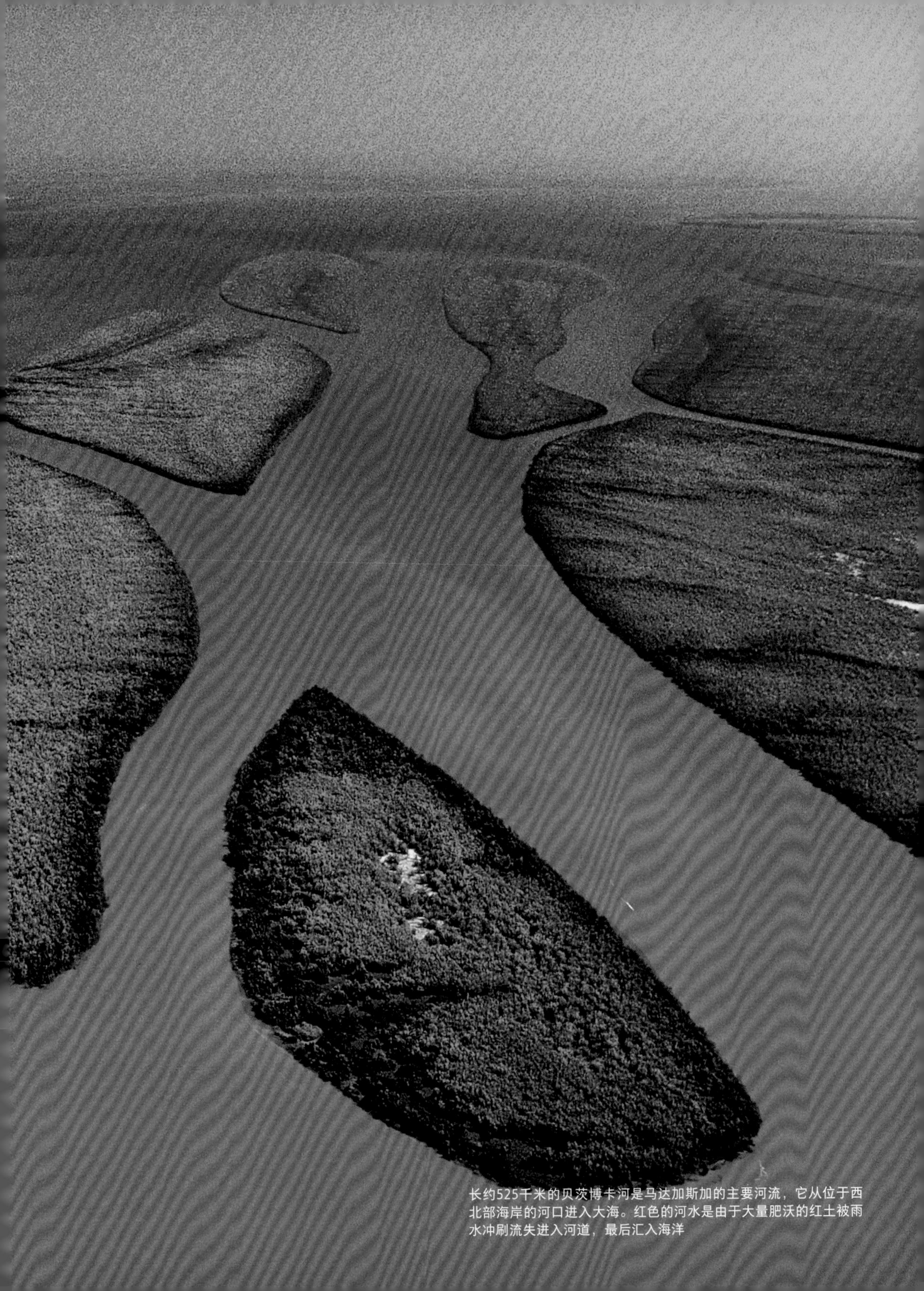

长约525千米的贝茨博卡河是马达加斯加的主要河流，它从位于西北部海岸的河口进入大海。红色的河水是由于大量肥沃的红土被雨水冲刷流失进入河道，最后汇入海洋

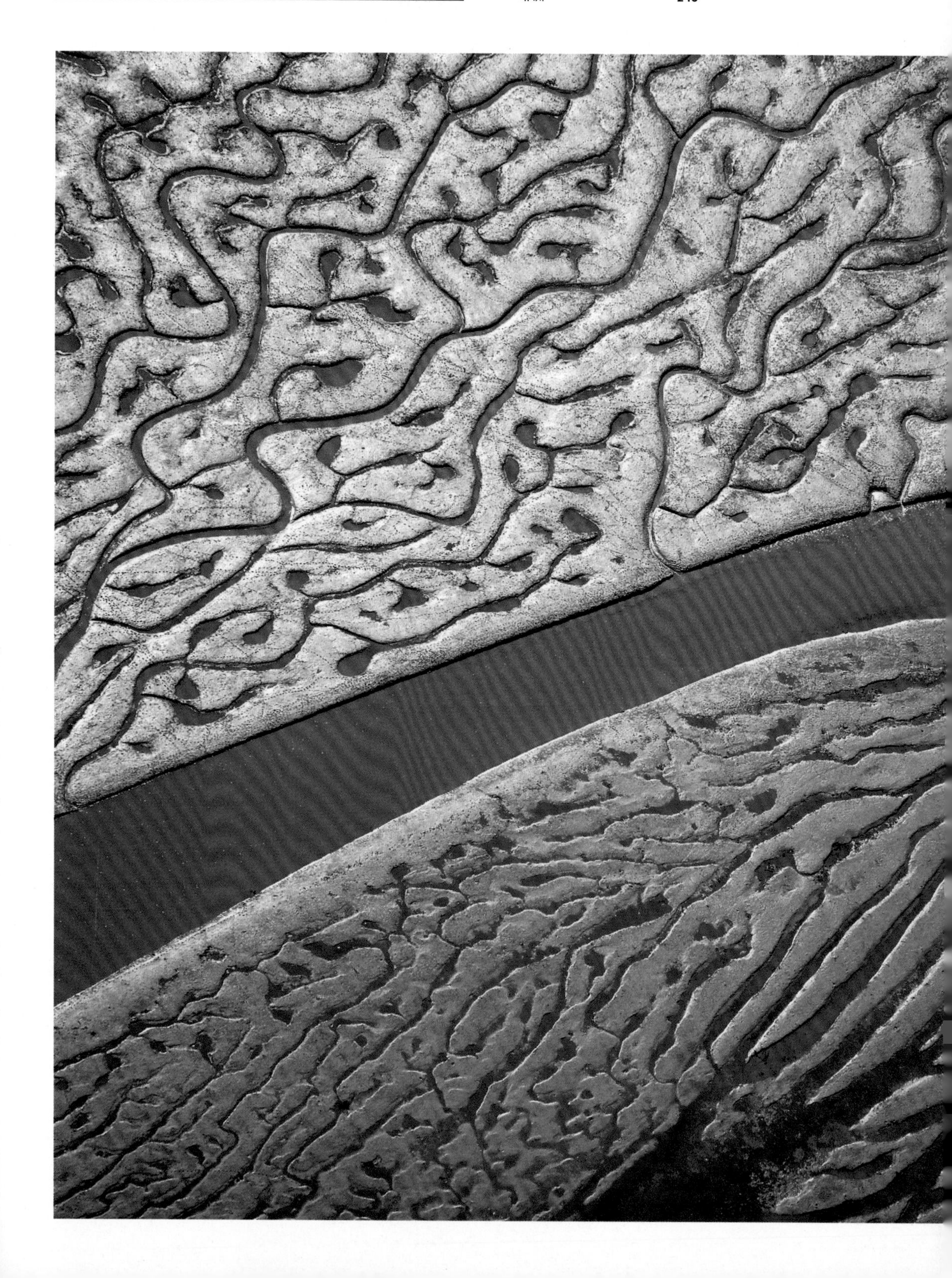

在马达加斯加岛西北海岸的马哈赞加附近，伊库帕河造就了由很多沙岛组成的河口，在低潮时，个个小岛与水流像复杂的织网

马达加斯加岛的西海岸面向莫桑比克海峡，为海滨低地，这里生长着大面积的红树林，还有很多动物如水鸟、儒艮和尼罗鳄

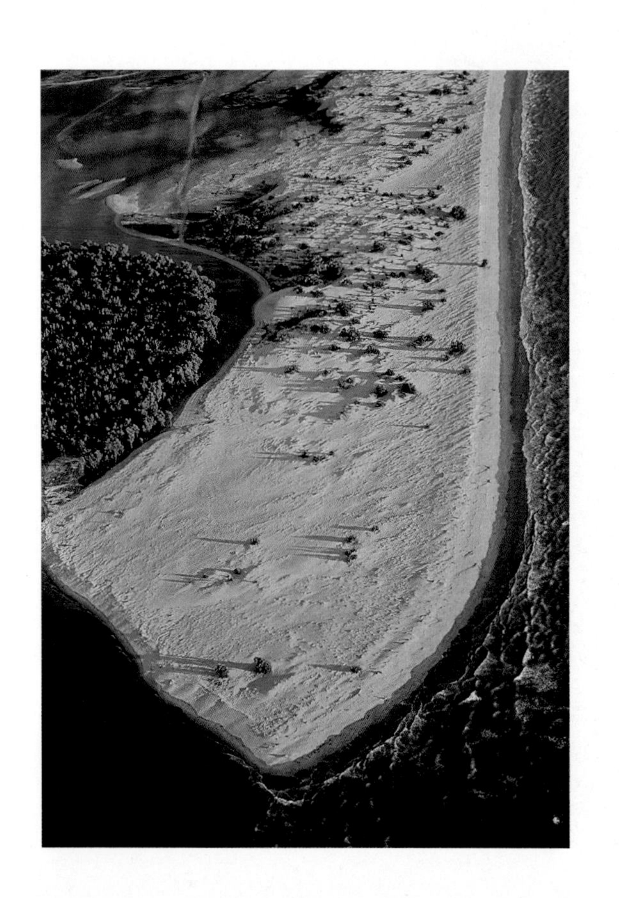

马达加斯加海岸和贝岛之间的迭戈·苏亚雷斯湾里的锥形小山

较大的贝岛和较小的孔巴岛与马达加斯加的西北海岸很近，绮丽的珊瑚礁位于绿宝石色的海水中

16

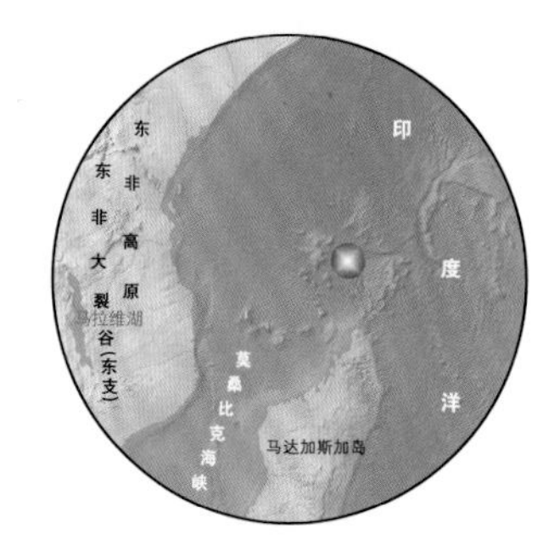

香料群岛—科摩罗群岛—塞舌尔群岛—马斯克林群岛

The Archipelagos of the Indian Ocean
印度洋各群岛

小小的“香料群岛”由桑给巴尔岛（Zanzibar）、奔巴岛（Pemba）和马菲亚岛（Mafja）组成，距离坦桑尼亚海岸线30～40千米，属于坦桑尼亚。这些岛屿覆盖着迷人的绿色森林，这种景象与从坦桑尼亚到莫桑比克的非洲大陆东海岸完全类似。这些岛屿森林被称为“桑给巴尔岛和伊尼扬巴内（Inhambane）海岸森林”，组成包括高大乔木（主要有缅茄、摘亚木、李叶豆属等）和棕榈类植物中的非洲油棕属、海枣属、槟榔属、酒椰和椰子树等。最大的保留森林区是在桑给巴尔岛的乔扎尼-奇瓦卡（Jozani-Chwaka）国家公园境内，这里的动物群类似坦桑尼亚，但是包括一些岛屿种属，比如桑给巴尔红疣猴、一系列的灵长类、肉食动物和极小的羚羊，它们都是典型的特有岛屿种，如有厚毛具斑点的非常珍贵的桑给巴尔豹、薮猫獴、麝香羚羊或桑给巴尔岛羚和阿氏小羚羊。这些岛屿还有独特的红树林和白沙滩，宝石般蓝色的大海里遍布珊瑚礁，深受潜水爱好者和潜望爱好者的喜爱。桑给巴尔岛的首府又叫石头城，举世闻名，可称世界建筑博览会，汇集摩尔、阿拉伯、波斯、印度和欧洲殖民地等各种风格，

桑给巴尔岛的航拍照片记录了美丽的珊瑚礁和沙滩，尤其是环岛周围神奇的白色沙滩，此岛属于坦桑尼亚，距坦桑尼亚大陆地区仅几十千米远

无数组小海湾、白色沙滩包围着小岛的南部（左）。白色沙滩蜿蜒连接起两个岩石小岛（右）

从萨济累沙滩向西北观望，科摩罗的马约特岛出现在地平线上

此外还有清真寺以及著名的香料输出交易集市。正是由于这些独一无二的特征，联合国教科文组织把石头城定为世界遗产地。

科摩罗群岛（Comoros）包含三个火山岛：大科摩罗岛（Grande Comore）、莫埃利岛（Moheli）和昂儒昂岛（Anjouan），形成了科摩罗群岛，而附近的马约特岛（Mayotte）没有加入科摩罗群岛（马约特岛是科摩罗群岛的一部分——译者注），并一直被法国占领。这些岛屿靠近马达加斯加的莫桑比克海峡，动植物分区与马达加斯加相同，但是动物区系也有自己的特点。由火山形成的科摩罗群岛的内陆地势变化很大，既有很高很陡的大山，又有很矮的小山包。大科摩罗岛上的卡尔塔拉山（Karthala）高达2361米，是一座活火山。1500米以上的山坡上生长着高大的石楠，而在低海拔的地方则是雨林、红树林和超过2000种的本地植物，包括175种羊齿植物和72种兰花，其中33%是本地专有的。科摩罗群岛包含森林保护区和海洋保护区。马约特岛的贾尼布杜尼湖（Lake Dziani Boudouni）是一个国际湿地公约缔约保护区，目的是保护其湿地。在莫埃利岛，国家海洋公园保护着莫埃利珊瑚礁。

在大科摩罗岛，专用于保护腔棘鱼类（矛尾鱼）的腔棘鱼海洋公园正在兴建。腔棘鱼是一种远古的大型鱼类，属肉鳍亚纲，它的祖先可以追溯到3.5亿年之前，并且只在莫桑比克海峡发现过。在科摩罗森林里生长着狐猴的一个特别种——蒙狐猴；而在马约特岛则生活着另一个特有种——马约特岛褐狐猴。大型的食果蝙蝠在该区域也比较常见，比如科摩罗蝠、塞舌尔狐蝠和科摩罗果蝠。

绿色海龟把蛋产在沙岛和棕榈树密布的海滩沙地上。棱皮龟和玳瑁经常在珊瑚礁海域与海豚及鲸鱼一同出现。

塞舌尔群岛包括115个岛屿，一部分是珊瑚岛，一部分是花岗岩岛，其中绝大多数几乎无人居住。这些岛屿远在非洲东部海岸1600千米之外，在马达加斯加岛以北。塞舌尔群岛分为4组岛屿群，最大的一组是塞舌尔群岛，其中最大的是马埃（Mahé）岛，面积达150平方千米，此外还有普拉斯林（Praslin）

岛和拉迪格（La Digue）岛，这三个岛屿都是由花岗岩组成，沙滩上有成行的棕榈树和其他美丽的植物。其他三组岛屿群分别是阿米兰特（Amirantes）群岛、法夸尔（Farquhar）群岛和阿尔达布拉（Aldabra）群岛，这些群岛的地貌形态随它们的地质基础不同而景色各异，花岗岩质岛屿多山，最高峰达905米，位于塞舌尔山上，这里属于马埃国家公园。而珊瑚岛非常平坦，仅高出海面5～6米。

阿尔达布拉群岛是世界上最大的环状珊瑚岛，面积达450平方千米。这里独一无二的生态系统生长着180种植物，其中20%是当地特有的；这里还生活着塞舌尔海龟、阿尔达布拉白颈秧鸡、罕见的军舰鸟和其他许多海鸟，这些海鸟在红树林沼泽地筑巢，沼泽的周围有很多漂亮的小咸水湖。联合国教科文组织把阿尔达布拉国家公园定为世界自然遗产。

塞舌尔最著名的国家公园是普拉斯林岛自然保护区，其中有1972年联合国教科文组织认定的世界自然遗产——魅力无穷的马伊（Vallee de Mai）谷。马伊谷生长着古老的海椰子树林，这是一个非常特别的种，果实具有“男”和“女”不同性别特征，是迄今发现的世界上最大的果实（种子），高达0.5米，重达20千克。海椰子果实是塞舌尔的标志，因为只有在屈里厄斯（Curieuse）岛才能看得到。海椰子果实优美的形状足以让人联想起女性优美的身体曲线。海椰子树身躯巨大，可高达40米，树龄可以超过800年。在森林中，也有该区域专有的棕榈树和露兜树，以及多种鸟类。在马埃以北90千米有个被称为“鸟岛”的岛屿，主要包括库桑（Cousine）、阿里德（Aride）和阿米兰特等群岛。数不清的海燕或者燕鸥聚集在这里，它们把巢筑在沙地上；乌领燕鸥、白顶玄燕鸥和小黑燕鸥则在稀疏的木麻黄和露兜树上筑巢；而白燕鸥则干脆直接在枝条上产蛋。塞舌尔的海洋动物也非常丰富，有超过150种的热带鱼，还有海豚、鼠海豚、双髻鲨、白鲨和海龟。

毛里求斯共和国是印度洋西南的一个岛国，坐落在马达加斯加岛以东900千米处，被认为是非洲大陆的一部分。除了主岛，毛里求斯共和国还包括罗德里格斯（Rodrigues）岛，但在其西南部200千米处的

绿海龟把蛋产在马约特岛南部的萨济累沙滩里

新生的树木年复一年地向大海延伸

拱形树根从树干的较高部分伸出，使得红树林能在涨潮时进行呼吸，实际上，在红树林根的表面有特别的呼吸器官——呼吸根

非洲塞舌尔群岛最著名的景观：白色的沙滩、光滑的花岗岩及拉迪格岛的海椰子

在塞舌尔，引人入胜的圣皮埃尔岛上的植被特别密集，尽管面积较小。圣皮埃尔岛是花岗岩群岛的代表之一

留尼汪（Réunion）岛则属于法国。毛里求斯岛是一组由火山生成的海洋岛屿，被美丽的珊瑚礁包围，并有极长的白色沙滩，占地约1800平方千米，为丘陵地貌，中部高原高约800米，向北部逐渐倾斜。留尼汪岛有一片非常大的平坦地，约2500平方千米。岛上有三个火山峰，最高的一个为内日（Piton des Neiges），高达3069米。罗德里格斯岛也是多山岛屿，但面积仅109平方千米，最高海拔355米。所有这些岛屿都有令人惊奇之处，包括小海湾、瀑布、热带植物，其中至少有三分之一是本地特有生物。不幸的是，原始生态系统由于从17世纪开始引入外来物种而发生了改变，采伐森林更使得原始植物群落的面积减少到仅剩全岛面积的3%。

毛里求斯的标志渡渡鸟——一种不能够飞行的大型鸠鸽科鸟，由于人类的捕杀于1681年灭绝。同样命运的还有罗德里格斯渡渡鸟，于1746年灭绝了。今天，在国家公园及保护区，人们正尝试保护本地特有的种群，比如毛里求斯茶隼和粉鸽，并且试图恢复特征植被类型。

毛里求斯最大的自然保护区是黑河峡谷（Black River Gorges）国家公园，它沿黑河河滨（Rivière Noire）而建，占地约36平方千米。其余的保护区大多是围绕毛里求斯小岛或者环礁，包括拉·普塞岛（île Le Pouce）、龙代岛（île Ronde）、塞尔邦岛（île aux Serpents）、艾格雷特岛（île aux Aigrettes）等。

这个由珊瑚礁包围着的人工环由沙堆成，以构建一个完全封闭的潟湖

塞舌尔群岛有花岗岩岛和珊瑚岛两种类型，后者非常平坦，仅高出海平面5～6米，这其中就包括世界上最大的珊瑚环礁——阿尔达布拉环礁，礁岛面积达450平方千米。联合国教科文组织把阿尔达布拉国家公园定为世界自然遗产，这里有独一无二的生态系统，生长着180种植物，20%是当地特有的。阿尔达布拉海龟（或称塞舌尔海龟）仅在这里生活

塞舌尔最大岛屿之一的普拉斯林岛附近的姊妹滩，各种生物格外丰富，包括大海龟、鱼和各种珊瑚虫等

潜入姊妹滩的珊瑚丛里，可以看到五颜六色的不同种类的鱼、软体动物和巨型海扇

鲸鲨尽管体形庞大，外形骇人，但实际上对人没有任何危害

与鲸鲨相反，水母迷人的外表下却暗藏巨大的杀机！

在塞舌尔众多的珊瑚礁周围都可以看到模样奇特的海洋鱼类，如种类繁多的鳐鱼、魟鱼或鹞鲼，这些家伙用巨大的斗篷一般的胸鳍在水中灵活地畅游

沿着毛里求斯南部海岸，耸立着火山岩构成的布拉邦山，它海拔500米，紧邻大海

深浅不同的沙滩，使海水呈现蓝或淡蓝的不同色调。这在塞尔夫斯岛的潟湖里表现得尤其明显。塞尔夫斯岛是毛里求斯周围多处基岩露头中的一个

留尼汪岛多山，有很多的森林、河流和瀑布。很多瀑布极其漂亮，如由朗日万河形成的大加莱特瀑布。朗日万河穿过连续的峡谷，峡谷里密布热带植被，其中很多是本地特有的

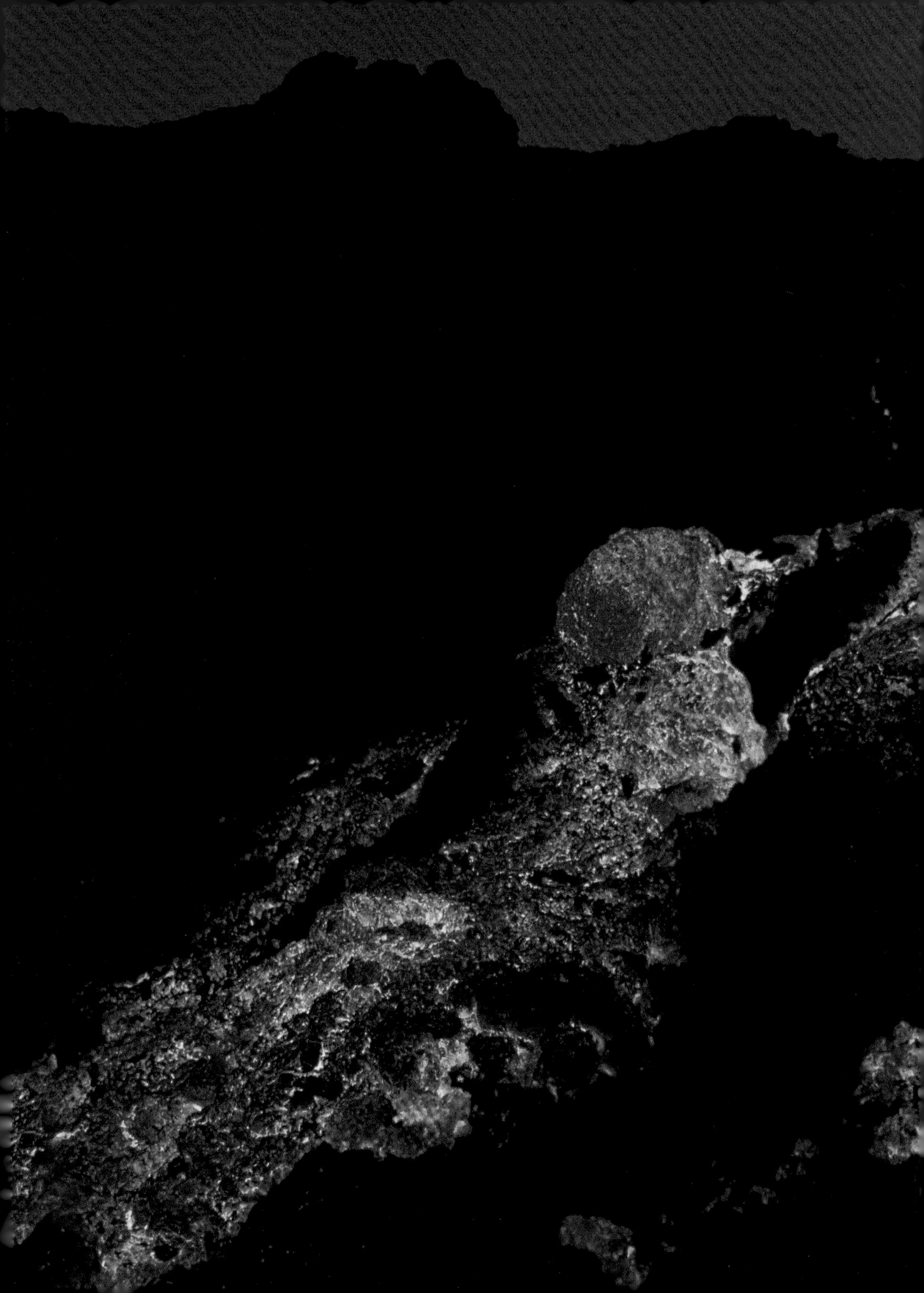

如果说海拔达到3069米的内日峰是留尼汪岛最高的火山，那么高度仅为2631米的富尔奈斯火山在留尼汪岛则最具吸引力，因为这是一座活火山，仍在不停地向大海喷泻玄武岩熔岩流，这些熔岩流凝固后使得留尼汪岛的面积不断增加

Photographic Credits 摄影师名录

III页 DLILLC/Corbis
IV-V页 Tiziana and Gianni Baldizzone/Archivio White Star
VI-VII页 Steve Bloom Images/Alamy Images
VIII-IX页 Pierluigi Rizzato
X-XI页 Antonio Attini/Archivio White Star
XVI-XVII页 Pierluigi Rizzato
XVIII-XIX页 Martin Harvey/NHPA/Photoshot
XX-XXI页 Michel & Christine Denis-Huot
XXII-1页 Marcello Bertinetti/Archivio White Star
2页 Darrell Gulin/Corbis
2-3页, 3页 Antonio Attini/Archivio White Star
4-5页 Cécile Treal & Jean-Michel Ruiz/Hoa-Qui/Hachette Photos/Contrasto
6-7页 Yann Guichaoua/Pictures Colour Library
8页 Dave Watts/NHPA/Photoshot
8-9页 Bobby Haas/National Geographic Image Collection
9页 Yann Arthus-Bertrand/Corbis
10-11页 Martin Harvey/NHPA/Photoshot
12页 D. Robert & Lorri Franz/Corbis
12-13页 Rafael Marchante/Reuters/Contrasto
13页 Bruno Morandi/Getty Images
14-15页 Yann Arthus-Bertrand/Corbis
16页 Yann Guichaoua/Pictures Colour Library
17页 Antonio Attini/Archivio White Star
18-19页 Antonio Attini/Archivio White Star
20页 Marcello Bertinetti/Archivio White Star
20-21页 Torleif Svensson/Corbis
21页 Jean Du Boisberranger/Hemis.fr
22页 Ariadne Van Zandbergen/Photolibrary Group
23页（上） Bruce Davidson/Naturepl.com/Contrasto
23页（下） Mark Daffey/Lonely Planet Images
24页 Jim Zuckerman/Corbis
24-25页 Martin Harvey; Gallo Images/Corbis
26-27页 Anup Shah/Naturepl.com/Contrasto
28页, 28-29页, 29页 Marcello Bertinetti/Archivio White Star
30-31页 San Bughet/Hoa-Qui/Hachette Photos/Contrasto
32页（上） Jean Du Boisberranger/Hemis/Corbis
32页（下）, 33页 Marcello Bertinetti/Archivio White Star
34页, 34-35页, 35页 Marcello Bertinetti/Archivio White Star
36页（上）, 36-37页, 37页（下） Vincenzo Paolillo
36页（下） Mark Webster/Photolibrary Group
38页 Tobias Bernhard/zefa/Corbis
38-39页 Brian J. Skerry/National Geographic Image Collection
39页（上） Jeff Rotman/Naturepl.com/Contrasto
39页（下） SeaPics.com
40-41页 Amos Nachoum/Corbis
42-43页, 44-45页 Tiziana and Gianni Baldizzone/Archivio White Star
43页 A. Dragesco-Joffe/Panda Photo
46-47页 George Steinmetz/Corbis
48页 A. Nardo/Panda Photo
48-49页 Tiziana and Gianni Baldizzone/Archivio White Star
49页 A. Dragesco-Joffe/Panda Photo
50页 Jason Venus/Naturepl.com/Contrasto
50-51页 Bios/Tips Images
52页 Marcello Bertinetti/Archivio White Star
52-53页 Antonio Attini/Archivio White Star
54-55页, 56-57页 Marcello Bertinetti/Archivio White Star
58-59页, 60-61页, 61页, 62页, 62-63页, 63页 Jean-Francois Hellio & Nicolas Van Ingen
59页 Ifa-Bilderteam Gmbh/Photolibrary Group
64页 Doug Allan/Naturepl.com/Contrasto
64-65页 Nic Bothma/epa/Corbis
66页 Ted Giffords/Alamy Images
66-67页 Carsten Peter/National Geographic Image Collection
67页 Ariadne Van Zandbergen/Alamy Images
68-69页 Chris Johns/National Geographic Image Collection
70-71页 Carsten Peter/National Geographic Image Collection
72-73页 Martyn Colbeck/Photolibrary Group
74页 Gallo Images/Corbis
74-75页 Martin Harvey/Corbis
75页 M. Harvey/Panda Photo
76页 Elio Della Ferrera/Naturepl.com/Contrasto
76-77页 Stephen Garrett/World Illustrated/Photoshots
78-79页 Carsten Peter/National Geographic Image Collection
80页, 82-83页 Marcello Libra/Archivio White Star
80-81页 Marcello Libra/Archivio White Star
81页 Michel & Christine Denis-Huot
82页, 84页, 85页 Marcello Bertinetti/Archivio White Star
86页 Michel & Christine Denis-Huot
86-87页 Pierluigi Rizzato
87页 Anup Shah/Naturepl.com/Contrasto
88-89页 Anup Shah/Naturepl.com/Contrasto
90页（上） Pierluigi Rizzato
90页（下） Michel & Christine Denis-Huot
90-91页 Michel & Christine Denis-Huot
92页 M.Harvey/Panda Photo
92-93页 Michel & Christine Denis-Huot
93页（上） M. Harvey/Panda Photo
93页（下） Martin Harvey/Corbis
94-95页 Wendy Stone/Corbis

95页 DLILLC/Corbis
96页，96–97页，97页，99页 Michel & Christine Denis–Huot
98–99页 Yann Arthus–Bertrand/Corbis
100页 Roy Toft/Getty Images
100–101页 Joe McDonald/Corbis
101页 Michel & Christine Denis–Huot
102–103页 Pierluigi Rizzato
104页 Marcello Bertinetti/Archivio White Star
104–105页 Pierluigi Rizzato
105页 Art Wolfe/Getty Images
106–107页 Michel & Christine Denis–Huot
108–109页，110–111页 Michel & Christine Denis–Huot
111页 Pierluigi Rizzato
112–113页 Michel & Christine Denis–Huot
114–115页 Pierluigi Rizzato
116–117页 Michel & Christine Denis–Huot
118页 Michel & Christine Denis–Huot
118–119页 Anup Shah/Naturepl.com/Contrasto
120–121页 Paul A. Souders/Corbis
122–123页 S. Wilby & C. Ciantar/Auscape
123页 Michael Nichols/National Geographic Image Collection
124页 Michel & Christine Denis–Huot
124–125页 Michel & Christine Denis–Huot
125页 Carsten Peter/National Geographic Image Collection
126–127页，127页 Adrian Warren/Ardea.com
128页，128–129页 Chris Johns/National Geographic Image Collection
129页 Bruce Davidson/Naturepl.com/Contrasto
130–131页，131页 Michael Nichols/National Geographic Image Collection
132页 Frans Lanting/National Geographic Image Collection
133页（上）Cyril Ruoso/JH Editorial/Getty Images
133页（下）Juniors Bildarchiv/Photolibrary Group
134页 Oxford Scientific/Photolibrary Group
134–135页 Marcello Bertinetti/Archivio White Star
135页 Ferrero–Labat/Ardea.com
136页，136–137页 Marcello Bertinetti/Archivio White Star
137页 Michael Nichols/National Geographic Image Collection
138页，138–139页 Michael Fay/National Geographic Image Collection
140页 Bruce Davidson/Naturepl.com/Contrasto
141页，143页 Michael Nichols/National Geographic Image Collection
142页 Steve Bloom Images/Alamy Images
144页 Michael Nichols/Getty Images
144–145页 Jean Michel Labat/Ardea.com
145页 Finbarr O'Reilly/Reuters/Contrasto
146–147页，147页，148–149页 Michael Nichols/National Geographic Image Collection
150页 Marcello Bertinetti/Archivio White Star
150–151页 Michael Nichols/National Geographic Image Collection
152–153页 Michel & Christine Denis–Huot
154–155页 Frans Lanting/National Geographic Image Collection
155页 Atlantide Phototravel/Corbis
156–157页 Bobby Haas/National Geographic Image Collection
158页 Thomas Dressler/Ardea.com
158–159页 Chris Johns/National Geographic Image Collection
159页 Jonathan Blair/Corbis
160–161页 Beverly Joubert/Getty Images
162–163页 Gallo Images/Corbis
164页，166–167页，168–169页，169页，170页（上）Antonio Attini/Archivio White Star
164–165页 Harald Sund/Getty Images
170页（下）Bobby Haas/National Geographic Image Collection
171页，172–173页 Antonio Attini/Archivio White Star
174页，174–175页，175页 Bobby Haas/National Geographic Image Collection
176页 Paul A. Souders/Corbis
176–177页 Renee Lynn/Corbis
177页（上）Beverly Joubert/National Geographic Image Collection
177页（下）Michel & Christine Denis–Huot
178–179页 HPH Photography
180页（上）Paul A. Souders/Corbis
180页（下）Martin Harvey; Gallo Images/Corbis
180–181页 Frans Lanting/Corbis
182–183页 Theo Allofs/Corbis
184页 Nigel J. Dennis/NHPA/Photoshot
184–185页 Thomas Dressler/Ardea.com
185页 Nigel J. Dennis/NHPA/Photoshot
186–187页，187页，188–189页 Tony Heald/Naturepl.com/Contrasto
190–191页，192页，192–193页，194页，195页，196–197页，198–199页 Antonio Attini/Archivio White Star
200页 Patrick de Wilde/Hoa–Qui/Hachette Photos/Contrasto
200–201页 Hervé Collart/Sygma/Corbis
201页 HPH Photography
202页 M. Rufini/Panda Photo
202–203页 Roger De La Harpe; Gallo Images/Corbis

203页, 204页 Antonio Attini/Archivio White Star
204–205页 Christophe Valentin/Hoa-Qui/Hachette Photos/Contrasto
206页 Gerald Cubitt/NHPA/Photoshot
207页 Nigel J. Dennis; Gallo Images/Corbis
208页, 208–209页 Freeman Patterson/Masterfile/Sie
209页 Nigel J. Dennis/NHPA/Photoshot
210–211页 HPH Photography
212–213页 Antonio Attini/Archivio White Star
214页, 215页（上） Nigel J. Dennis/NHPA/Photoshot
214–215页 Gallo Images/Corbis
215页（下） Winfried Wisniewski/zefa/Corbis
216–217页 Nigel J. Dennis; Gallo Images/Corbis
218页 Richard Packwood/OSF/Photolibrary Group
218–219页 Ifa-Bilderteam Gmbh/Photolibrary Group
220–221页 Tony Heald/Naturepl.com/Contrasto
222–223页 Gallo Images-Rod Haestier/Getty Images
223页 SeaPisc.com
224–225页 Antonio Attini/Archivio White Star
226–227页 Juan Carlos Mnoz/Agefotostock/Marka
227页 Jouan-Rius/Jacana/Hachette Photos/Contrasto
228–229页 Pete Oxford/Naturepl.com/Contrasto
230页（上） DeAgostini Picture Library/Archivio Scala
230页（下） Pete Oxford/Getty Images
230–231页 Christian Vaisse/Hoa-Qui/Hachette Photos/Contrasto
231页 Luis Marden/National Geographic Image Collection
232–233页, 233页 Michael Fay/National Geographic Image Collection
234–235页 Pete Oxford/Naturepl.com/Contrasto
236页 Martin Harvey/NHPA/Photoshot
236–237页, 238–239页 Pete Oxford/Naturepl.com/Contrasto
239页 Jouan-Rius/Jacana/Hachette Photos/Contrasto
240–241页 Christian Vaisse/Hoa-Qui/Hachette Photos/Contrasto
242页, 242–243页, 243页 Yann Arthus-Bertrand/Corbis
244–245页 M. Watson/Ardea.com
246–247页 Andrew Bannister/Getty Images
248页 Catherine Jouan-Jeanne Rius/Hoa-Qui/Hachette Photos/Contrasto
248–249页 Jouan-Rius/Jacana/Hachette Photos/Contrasto
250页 DeAgostini Picture Library/Archivio Scala
250–251页, 251页 Yann Arthus-Bertrand/Corbis
252页, 252–253页, 253页 Marcello Bertinetti/Archivio White Star
254页, 255页 Christian Vaisse/Eyedea Illustration/Hachette Photos/Contrasto
254–255页 Sebastian/Alamy Images
256–257页 M. Watson/Ardea.com
257页 Andy Rouse/Corbis
258–259页 Karl-Heinz Haenel/Corbis
259页 Wolfgang Kaehler/Corbis
260页, 260–261页, 261页, 262–263页 World Pictures/Photoshot
264–265页 Ralph Lee Hopkins/Getty Images
266页, 266–267页, 267页 Vincenzo Paolillo
268页, 268–269页, 269页 Linda Pitkin/NHPA/Photoshot
270页 Sylvain Grandadam/Getty Images
270–271页 Georges Antoni/Hemis/Corbis
272–273页 Ariadne Van Zandbergen/OSF/Photolibrary Group
274–275页 Olivier Grunewald/OSF/ Photolibrary Group

文中地图底图来源：Natural Earth